微分方程式

原岡喜重 著

増補版

数学書房

まえがき

微分方程式は，数学・物理学をはじめ自然科学における基本的な表現形式である．微分は変化を記述する手段であったので，様相の変化を調べる自然科学において微分方程式が現れるのはごく自然なことである．

本書は，大学初年級の微分積分・線形代数を学んだ読者が，微分方程式についての基礎的な事柄とその理論全体のイメージを身につけるためのガイドブックとなることを目指して書かれた．まず，微分方程式の基礎的事項として重要と思われる内容はすべて載せることとした．ただしそれぞれの内容についてはなるべくエッセンスを伝えるように工夫し，分量が多くなることを避けて，理論の全貌が把握しやすいような記述を心掛けている．同時に，かなり特殊な事項でも，それが本質的で重要と思われる場合には取り上げた．その際には単に結果を述べるのではなく，その発想・アイデアを明らかにすることで，一般の場合を考える手がかりを与えたつもりである．さらに実用性を重視し，微分方程式の解き方や，解が具体的に求まらない場合の解の性質の調べ方について，明確なイメージが獲得できるよう内容を精選した．

本書の特徴を，このような方針と対応させながらいくつか挙げよう．

理論的に筋道の通った説明をするためには基礎理論である第 4 章の内容から始めるべきであろうが，まず微分方程式というものに慣れてもらうため，求積法と線形微分方程式の理論を前に持ってきた．

微分方程式の解を求めるテクニックは膨大にある．本書では，第 2 章の求積法，第 3 章の線形微分方程式および第 5 章の級数による解法のところで，それぞれのテクニックについて網羅的になることを避けながら本質的な部分を解説した．とくに級数による解法は，ふつうは複素領域における微分方程式の理論の中で触れられる内容だが，解法のテクニックとしても非常に有用なので盛り込むこととした．また第 4 章で扱う諸定理，とくに比較定理は，解の性質を調べる手段としても重要である．どの場面でどのテクニックを適用すればよいかという判断力も身につけることで，応用上十分な力がつくであろう．

少し特殊な内容として，ロンスキアンを用いた微分方程式の作り方，ベッセルの微分方程式の確定特異点における特性指数に整数差がある場合の解の構成法を取り上げた．これらは類書ではあまり触れられていないように思われるが，いずれも重要な事項であり，身につける価値があると考えたためである．

最後の第 6 章では，それまで学んできたことの集大成として，太鼓の音の解析を行った．身近な現象が，微分方程式の理論により明快に説明されるということを体験していただきたい．

本書を通して，微分方程式の威力と魅力を感じていただければ幸いである．

2006 年 2 月

原岡喜重

増補 2 版にあたって

この増補版では，演習書あるいは自習書としても役立つよう，第 2 章求積法，第 3 章線形微分方程式の演習問題を大幅に増やし，またそれらの解答においても，単に答を挙げるのではなく，その答の導出過程についてできる限り詳しく記述した．多くの具体的な微分方程式を解くことで，内容の理解が進み，計算技術の向上が図れることと思う．

2016 年 9 月 14 日

原岡喜重

目 次

凡例

$\boldsymbol{R}$: 実数全体の集合

$\boldsymbol{R}^n = \{ (x_1, x_2, \cdots, x_n) \mid x_1 \in \boldsymbol{R}, x_2 \in \boldsymbol{R}, \cdots, x_n \in \boldsymbol{R} \}$
: n 次元ユークリッド空間

$(a, b) = \{ x \mid a < x < b \}$: 開区間

$[a, b] = \{ x \mid a \leq x \leq b \}$: 閉区間

第 1 章

微分方程式とは

微分方程式とは，未知関数 $y(x)$ とその微分 (導関数)$y'(x), y''(x), y'''(x), \cdots$ との間の関係式のことである．たとえば

$$y'' + (x^2 - 1)y = 0 \tag{1.1}$$

$$y'^2 = 4y^3 - 1 \tag{1.2}$$

というような方程式が微分方程式である．微分方程式に含まれる最高階微分の階数を，その微分方程式の**階数**という．上の例でいえば，(1.1) の階数は 2，(1.2) の階数は 1 である．階数が n の微分方程式を，n 階微分方程式という．微分方程式をみたす関数のことを，その微分方程式の**解**という．

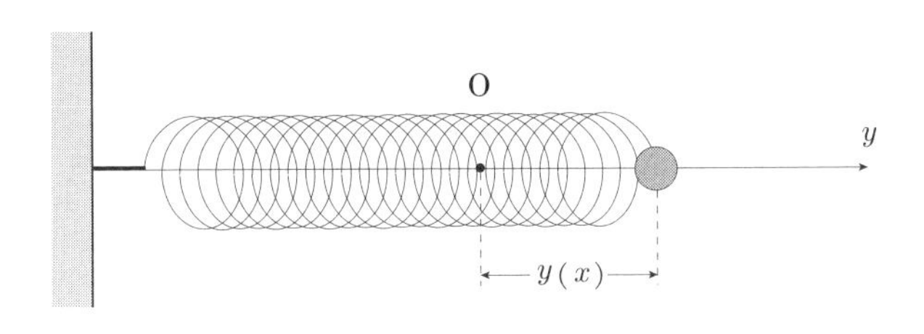

図 1.1

例 1.1 (単振動)　図のように一端を固定したバネのもう一端におもりをつけ，引っ張ってから離すと，バネの張力によっておもりは左右に行ったり来

たりする．この運動は，ニュートンの運動法則に従うことから，微分方程式で記述できる．そのため座標を設定しよう．

ふつう物理学などでは時間を独立変数に取るので，独立変数には t という文字が使われることが多いのだが，本書では独立変数として x を用いることにしたため，今の場合は x が時間を表す変数ということにする．図 1.1 のように y 軸を取り，バネの自然長 (バネが伸びても縮んでもいないときの長さ) におけるおもりの位置を原点とする．時刻 x におけるおもりの位置の座標を $y(x)$ とする．これがおもりの運動を表す関数である．ニュートンの運動法則は，

$$(\text{質量}) \times (\text{加速度}) = (\text{外力})$$

であった．おもりの質量を m とおく．加速度は位置を表す関数の 2 回微分だから，$y''(x)$ で与えられる．外力はバネの張力に起因し，その大きさはバネの伸びの長さに比例し，伸びと逆向きに働く．これをフックの法則という．その比例定数を k $(k > 0)$ とおくと，外力は $-ky(x)$ と表されることになる．以上により，運動方程式として，

$$my'' = -ky \tag{1.3}$$

という微分方程式が得られた．

微分方程式 (1.3) は具体的に解くことができ，解は

$$y(x) = c_1 \sin\sqrt{\frac{k}{m}}\,x + c_2 \cos\sqrt{\frac{k}{m}}\,x \tag{1.4}$$

で与えられることがわかる．ただし c_1, c_2 は任意定数で，c_1, c_2 にどんな値を代入しても，(1.4) は (1.3) の解となる．そのことを確かめるのは微分法の簡単な演習問題であるが，微分方程式 (1.3) からどうやって (1.4) を見つけるのか，というところが本書のテーマの 1 つである．その方法は第 3 章で与えられる．

解の表示 (1.4) を手に入れたことで，おもりの運動が完全にわかることになる．特に (1.4) は $2\pi\sqrt{\frac{m}{k}}$ を周期とする周期関数になるので，時間 $2\pi\sqrt{\frac{m}{k}}$

が経過するたびにおもりは同じ位置に来る．このようなおもりの運動を単振動という．

問 1.1 (1)　(1.4) が (1.3) の解になることを確かめよ．

(2)　$2\pi\sqrt{\dfrac{m}{k}}$ が (1.4) の $y(x)$ の周期になること，つまり

$$y\left(x+2\pi\sqrt{\frac{m}{k}}\right)=y(x)$$

となることを確かめよ．

例 1.2 (**人口増加の方程式** (**ロジスティック方程式**))　人口というのは整数の値しか取らないが，非常に多い場合は連続な値を取るものと見なすことができる．その意味で，x という時刻における世界 (あるいはある国) の人口を $y(x)$ 人とすると，$y(x)$ は微分可能な関数と考えることができる．

さて，人口の増減についても法則性があることが発見された．その法則は，次のような $y(x)$ に対する微分方程式の形で記述される．

$$y'=ay-by^2 \tag{1.5}$$

ここで a と b はともに正の定数で，人口定数とよばれる．微分方程式 (1.5) を**ロジスティック方程式**という．この微分方程式も解くことができ，その解き方は第 2 章で与えられる．それを適用すると，解は具体的に

$$y(x)=\frac{ay_0}{by_0+(a-by_0)e^{-a(x-x_0)}} \tag{1.6}$$

と表される．ここで x_0, y_0 は任意定数であるが，$y(x_0)=y_0$ となるので，これは時刻 x_0 における人口が y_0 人としたときの解を表していると考えられる．

さてこの解の表示 (1.6) から人類の未来を覗いてみよう．ずっと先の未来というのは，x の値が非常に大きい場合で，そのとき $e^{-a(x-x_0)}$ は非常に 0 に近くなる．よってそのとき $y(x)$ の値は

$$\frac{ay_0}{by_0+(a-by_0)\times 0}=\frac{ay_0}{by_0}=\frac{a}{b}$$

にどんどん近づくことになる．つまりずっと先の未来には，世界の人口は一定の数に収まっていき，どんどん人口が増えて人類が破滅したり，逆にどんどん減っていって誰もいなくなったり，ということはないのである．ロジスティック方程式が正しく人口の増減を表しているならば，とりあえず一安心である．

問 1.2　(1.6) が (1.5) の解になることを確かめよ．

上の 2 つの例では，自然現象が従う法則が微分方程式で記述され，それを解いて解の表示を見ることでその現象を調べることができた．なので，微分方程式がいつでも解ければ，どんな現象も解明できてしまうことになる．ところがじつは，微分方程式は一般には解くことができない．解けるような，つまり解の具体的表示が手に入るような微分方程式は，微分方程式全体からすると非常に例外的である．ただし上の例のように，重要な微分方程式で解けるものもかなりある．

そこで本書では，次の 2 つをテーマとする．1 つは例 1.1 の中でも述べたが，解ける方程式に対してその解き方を与えること，もう 1 つは，具体的に解けない微分方程式に対しても，その解の性質を調べる方法を与えることである．第 1 のテーマは第 2 章，第 3 章，第 5 章で扱い，第 2 のテーマは第 3 章，第 4 章で扱う．それらの結果の集大成として，太鼓の音の解析を第 6 章で行う．

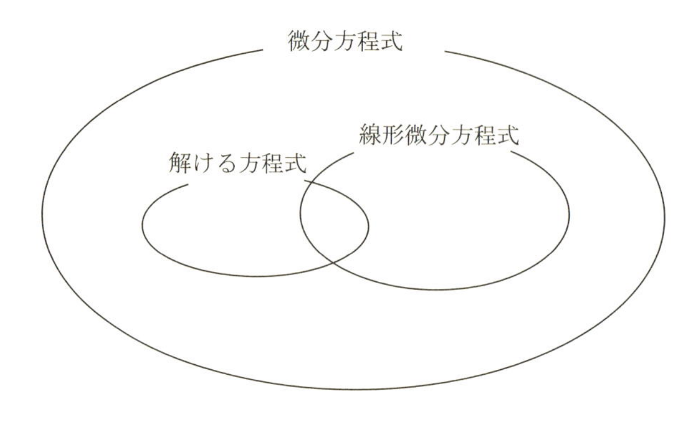

図 1.2

この章の最後に，微分方程式に関するいくつかの用語を与えよう．

n 階微分方程式は，独立変数 x と，未知関数 $y(x)$，およびその n 階までの微分 $y'(x), y''(x), \cdots, y^{(n)}(x)$ の関係式なので，一般に

$$F(x, y, y', y'', \cdots, y^{(n)}) = 0 \tag{1.7}$$

のように表すことができる．

例 1.1 などで見たように，微分方程式の解には任意定数が含まれ，その任意定数の値を定めることで，1 つ 1 つの解が得られる．そこで n 階微分方程式に対し，n 個の任意定数を含む解を**一般解**という．含まれる任意定数を $c_1, c_2, \cdots, c_n$ とすると，一般解は

$$y(x) = y(x; c_1, c_2, \cdots, c_n) \tag{1.8}$$

のように表される．一般解の任意定数に具体的な値を代入して得られる 1 つ 1 つの解のことを**特殊解**という．

たいていの場合には，どんな解も特殊解として実現されるが，例外的に，特殊解としては得られない解が存在するときがある．そのような解を**特異解**とよぶ．

例 1.3 (特殊解と特異解)

$$y'^2 = 4y \tag{1.9}$$

この微分方程式の一般解は，

$$y(x) = (x - c)^2 \qquad (c \text{ は任意定数})$$

で与えられる．これは容易に確かめられる．この c に具体的な値，たとえば $c = 1$ とか $c = -2$ などを代入した，$y(x) = (x - 1)^2$ とか $y(x) = (x + 2)^2$ というのが特殊解となる．

一方，この微分方程式には，特殊解としては実現されない，特異解が存在する．それは $y(x) \equiv 0$ である．これは c にどのような値を代入しても得られないが，確かに (1.9) の解にはなっているのである．

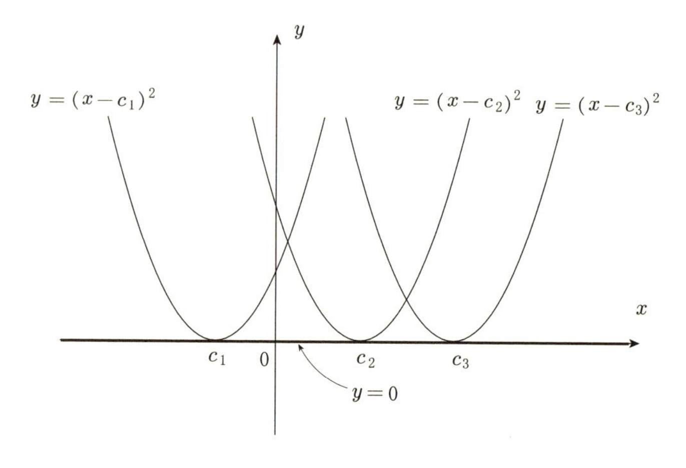

図 1.3

次の例を見るとわかるように，任意定数を含む表示 (1.8) に対し，その微分を用いて $c_1, c_2, \cdots, c_n$ を消去すると y に関する微分方程式が得られる．このことから微分方程式 (1.7) と一般解 (1.8) は等価なものと考えることができる．

例 1.4　任意定数を消去することで微分方程式を求めよ．

(1)　$y(x) = cx^3$　　(c : 任意定数)

(2)　$y(x) = c_1 x^{c_2}$　　(c_1, c_2 : 任意定数)

解　(1)　両辺を微分すると

$$y' = 3cx^2 = 3 \cdot \frac{cx^3}{x} = 3 \cdot \frac{y}{x}$$

となるので，求める微分方程式は

$$y' = \frac{3}{x} y$$

となる．

(2)　両辺を微分すると

$$y' = c_1 c_2 x^{c_2 - 1} = c_2 \frac{y}{x} \tag{1.10}$$

となるので，これより

$$c_2 = \frac{xy'}{y}$$

を得る．(1.10) をさらに微分すると，

$$y'' = c_2 \frac{xy' - y}{x^2}$$

となり，これに今求めた c_2 の表示を代入すると

$$\begin{aligned} y'' &= \frac{xy'}{y} \cdot \frac{xy' - y}{x^2} \\ &= \frac{y'(xy' - y)}{xy} \end{aligned}$$

となる．したがって微分方程式

$$xyy'' = y'(xy' - y)$$

が得られた． □

第 2 章

求積法

微分方程式を，不定積分を行うことで解くことを**求積法**という．求積法により解けるような微分方程式は多くはないが，解けるものの中には重要な微分方程式も含まれるし，何より微分方程式になじむための格好の題材である．そこで本章では，いくつかのパターンに分けて求積法を紹介していこう．

2.1 Easiest Case

求積法で解けるもっとも簡単な微分方程式は，次の形のものである．

$$y' = f(x) \tag{2.1}$$

ここで $f(x)$ は与えられた関数．

解法 両辺を不定積分すればよい．

$$\begin{aligned} y(x) &= \int f(x)\,dx \\ &= F(x) + C \end{aligned} \tag{2.2}$$

ここで $F(x)$ は $f(x)$ の 1 つの原始関数，C は積分定数である．(2.1) は 1 階の微分方程式で，(2.2) は 1 つの任意定数を含むので，(2.2) は (2.1) の一般解である．

x のある固定された値 x_0 における解 $y(x)$ の値を初期値といい，初期値を指定することを**初期条件**という：

$$y(x_0) = b \tag{2.3}$$

初期条件 (2.3) をみたす (2.1) の解は，(2.2) における積分定数 C を (2.3) をみたすように定めることでも得られるが，次のように定積分を用いて与えることもできる．

$$y(x) = \int_{x_0}^{x} f(t)\,dt + b \tag{2.4}$$

問 2.1 (2.4) が初期条件 (2.3) をみたす (2.1) の解であることを確かめよ．

注意 (2.1) の両辺を不定積分するとき，律儀に考えれば両辺から積分定数が出てきて，

$$y(x) + C_1 = F(x) + C_2$$

となるが，この C_1 と C_2 をまとめて $C_2 - C_1 = C$ とおくことで，(2.2) の表示

$$y(x) = F(x) + C$$

が得られている．このように積分定数を 1 箇所にまとめる操作は，以下でもことわりなく行う．

例 2.1 (1)

$$y' = \log x$$

の一般解を求めよ．また初期条件

$$y(1) = 3$$

をみたす解を求めよ．

(2)

$$y' = |x|$$

の一般解を求めよ．また初期条件

$$y(0) = -2$$

をみたす解を求めよ．

解　(1)　一般解は不定積分により，

$$\begin{aligned} y(x) &= \int \log x \, dx \\ &= x \log x - x + C \end{aligned}$$

のように与えられる．C は任意定数．

次にこの一般解 $y(x)$ において，

$$y(1) = 1 \log 1 - 1 + C = C - 1$$

であるから，初期条件により $C - 1 = 3$，すなわち $C = 4$ を得る．よって初期条件をみたす解は

$$y(x) = x \log x - x + 4$$

である．

(2)

$$|x| = \begin{cases} x & (x \geq 0), \\ -x & (x < 0) \end{cases}$$

であるから，$x \geq 0$ のときは $y' = x$ を解いて

$$y(x) = \frac{x^2}{2} + C_1,$$

$x < 0$ のときは $y' = -x$ を解いて

$$y(x) = -\frac{x^2}{2} + C_2$$

を得る．$x = 0$ で $y(x)$ が連続となるように，$C_1 = C_2$ と取る．すると $y(0) = C_1$ で，$y(x)$ の $x = 0$ における右微分・左微分が

$$\begin{aligned} \lim_{h \to 0+} \frac{y(h) - y(0)}{h} &= 0, \\ \lim_{h \to 0-} \frac{y(h) - y(0)}{h} &= 0 \end{aligned}$$

の通り存在して一致するので，$y(x)$ は微分可能となる．したがって一般解は

$$y(x) = \begin{cases} \dfrac{x^2}{2} + C & (x \geq 0), \\ -\dfrac{x^2}{2} + C & (x < 0) \end{cases}$$

で与えられる．C は任意定数．初期条件 $y(0) = -2$ をみたす解は，$C = -2$ としたものである． □

例 2.1 (2) では，微分方程式に現れた関数 $|x|$ はグラフにとがったところを持つが，解 $y(x)$ のグラフはなめらかになっている．このように微分方程式には関数をなめらかにする効果がある．

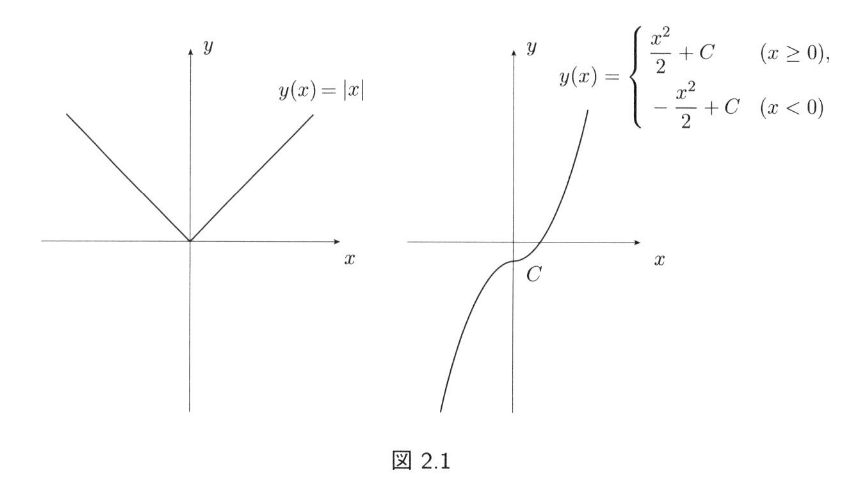

図 2.1

2.2　変数分離形

次の形の微分方程式を，**変数分離形**という．

$$y' = f(x)g(y) \tag{2.5}$$

つまり右辺が x の関数と y の関数の積になっている場合である．

解法　はじめに形式的な解法を紹介し，その後でその解法の正当化を与えよう．手順は次の通りである．

① $$\frac{dy}{dx} = f(x)g(y)$$

② $$\frac{dy}{g(y)} = f(x)\,dx$$

③ $$\int \frac{dy}{g(y)} = \int f(x)\,dx$$

ここで $\dfrac{1}{g(y)}$ の原始関数を $G(y)$，$f(x)$ の原始関数を $F(x)$ とすると，

$$G(y) = F(x) + C \tag{2.6}$$

という任意定数 C を含む形の解の表示が得られる．ただし (2.6) は $y(x) = \cdots$ という形ではなく，y と x の関係式として間接的に $y(x)$ を定めている表示になっていて，このような表示を**陰関数表示**とよぶ．(2.6) を y について解けば，ふつうの $y(x) = \cdots$ という形の表示が得られる．

上の形式的な解法は，手順としては明快と思われるが，念のため説明を加える．まず①では，y' をわざわざ $\dfrac{dy}{dx}$ と書き換えている．両者とも $y(x)$ の微分 (導関数) を表す記号なので，この段階では単なる記号の置き換えにすぎない．ところが②では，導関数を表していた $\dfrac{dy}{dx}$ という一まとまりの記号を，あたかも分数であるかのように扱って，dx という分母を払ってしまう．ここが数学的に怪しい箇所だが，かまわず両辺に積分記号 $\int$ をつけてしまうと，③の通り数学的に意味のある表示が得られる．この不定積分を実行することで，(2.6) という解の陰関数表示が得られるのである．

上の手順は簡潔で，実際の計算に役立つのだが，数学的には②の意味づけが必要である．②の代わりに

$$\frac{1}{g(y)}\frac{dy}{dx} = f(x)$$

と書く．この両辺を x で積分すると，右辺の積分は ③ の右辺であり，左辺の積分は置換積分 $x \to y$ を考えると

$$\int \frac{1}{g(y)} \frac{dy}{dx}\, dx = \int \frac{1}{g(y)} \frac{dy}{dx} \cdot \frac{dx}{dy}\, dy = \int \frac{1}{g(y)}\, dy$$

が得られるので，これは ③ の左辺となる．以上の手順を簡潔に表したのが ② ということになる．

なお $g(y) = 0$ となるような y が存在する場合については，第 4 章で論じられる解の存在と一意性および解の延長を用いて考えることができる．あるいはもう 1 つの態度として，気にせずにとりあえず解の表示 (2.6) を手に入れてしまい，その後でそれが確かに (2.5) をみたすことを確認するということも可能である．実際の計算には，後者の態度が有効であろう．

例 2.2　(1)　$y' = \dfrac{a}{x} y$　(a は定数)　　(2)　$y' = \dfrac{x^2}{y}$

(3)　$y' = \dfrac{y(1-y)}{x}$

解　(1)

$$\frac{dy}{y} = \frac{a}{x}\, dx$$

$$\int \frac{dy}{y} = \int \frac{a}{x}\, dx$$

$$\log |y| = a \log |x| + c$$

$$|y| = e^{a \log |x| + c} = e^c |x|^a$$

$$y = \pm e^c |x|^a$$

ここで c は任意定数で，e^c は任意の正の定数となるが，その前に $\pm$ がついているため $\pm e^c$ は任意定数と考えることができる．それをあらためて c_1 とおけば，(1) の一般解

$$y(x) = c_1 |x|^a \qquad (c_1 \text{は任意定数})$$

が得られた．

（2）

$$y\,dy = x^2\,dx$$
$$\int y\,dy = \int x^2\,dx$$
$$\frac{1}{2}y^2 = \frac{1}{3}x^3 + c$$
$$y^2 = \frac{2}{3}x^3 + 2c$$

ここで $2c = c_1$ とおくと，

$$y = \pm\sqrt{\frac{2}{3}x^3 + c_1} \qquad (c_1\text{は任意定数})$$

という一般解を得る．± のどちらか一方を選ぶことで，関数 $y(x)$ が確定する．根号の中は 0 以上でなくてはならないので，任意定数 c_1 の値により解の定義域が変化することになる．

（3）

$$\frac{dy}{y(1-y)} = \frac{dx}{x}$$
$$\int \frac{dy}{y(1-y)} = \int \frac{dx}{x}$$
$$\int \left(\frac{1}{y} + \frac{1}{1-y}\right) dy = \int \frac{dx}{x}$$
$$\log|y| - \log|1-y| = \log|x| + c$$
$$\left|\frac{y}{1-y}\right| = e^c|x|$$
$$\frac{y}{1-y} = \pm e^c x$$

ここで (1) と同様に，$\pm e^c = c_1$ とおくと，c_1 は任意定数と考えることができるので，一般解の陰関数表示

$$\frac{y}{1-y} = c_1 x$$

を得る．なおこれは簡単に y について解けて，

$$y = \frac{c_1 x}{1 + c_1 x} \qquad (c_1\text{は任意定数})$$

という一般解が得られる．　□

2.3 同次形

次の形の微分方程式を**同次形**という.

$$y' = f\left(\frac{y}{x}\right) \tag{2.7}$$

解法 同次形の微分方程式は，変数分離形に持ち込むことができる.

$$u = \frac{y}{x} \tag{2.8}$$

とおき，未知関数を y から u にとりかえる．すると，

$$y = ux, \qquad y' = u + xu'$$

となるので，微分方程式 (2.7) は

$$xu' = f(u) - u \tag{2.9}$$

と書き換えられる．(2.9) はよく見ると変数分離形となっているので，求積することができるのである．実行してみよう.

$$\begin{aligned}
\frac{du}{f(u)-u} &= \frac{dx}{x} \\
\int \frac{du}{f(u)-u} &= \int \frac{dx}{x} \\
\int \frac{du}{f(u)-u} &= \log|x| + c \\
x = c_1 \exp \int & \frac{du}{f(u)-u} \qquad (c_1 = \pm e^{-c})
\end{aligned}$$

となり，$u(x)$(したがって $y(x)$) の陰関数表示が得られた.

実際に同次形の微分方程式を解くときは，y から u への変換 (2.8) さえ覚えておけば，自動的に変数分離形 (2.9) が得られるので，あとは変数分離形の解き方を実行すればよいことになる.

例 2.3
$$y' = \frac{\alpha x + \beta y}{\gamma x + \delta y}$$

解　これは一見同次形には見えないが，右辺を書き換えて

$$y' = \frac{\alpha + \beta \dfrac{y}{x}}{\gamma + \delta \dfrac{y}{x}}$$

と書いてみると，確かに同次形になっている．そこで上の手順に従い，(2.8) で u を定めると，

$$xu' = \frac{\alpha + \beta u}{\gamma + \delta u} - u = \frac{\alpha + (\beta - \gamma)u - \delta u^2}{\gamma + \delta u}$$

という変数分離形の微分方程式が得られる．これより

$$\int \frac{\gamma + \delta u}{\alpha + (\beta - \gamma)u - \delta u^2}\, du = \int \frac{dx}{x}$$

となり，これらの不定積分を実行すれば解の表示が得られる．

具体的に不定積分を実行するため，$\alpha, \beta, \gamma, \delta$ に具体的な数値を入れてみよう．たとえば $\alpha = 2$, $\beta = 3$, $\gamma = 4$, $\delta = 1$ としてみると，はじめの微分方程式は

$$y' = \frac{2x + 3y}{4x + y}$$

となる．これを解くと上の結果から

$$\int \frac{4 + u}{2 - u - u^2}\, du = \int \frac{dx}{x} \tag{2.10}$$

にたどり着く．左辺の不定積分のため，部分分数分解をしよう．

$$\frac{4 + u}{2 - u - u^2} = \frac{2}{3} \cdot \frac{1}{u + 2} + \frac{5}{3} \cdot \frac{1}{1 - u}$$

したがってこの不定積分は，

$$\begin{aligned}\int \frac{4 + u}{2 - u - u^2}\, du &= \int \left(\frac{2}{3} \cdot \frac{1}{u + 2} + \frac{5}{3} \cdot \frac{1}{1 - u} \right) du \\ &= \frac{2}{3} \log |u + 2| - \frac{5}{3} \log |1 - u|\end{aligned}$$

となる．よって (2.10) より，

$$\frac{2}{3} \log |u + 2| - \frac{5}{3} \log |1 - u| = \log |x| + c$$

$$\frac{|u+2|^{\frac{2}{3}}}{|1-u|^{\frac{5}{3}}} = c_1 x$$

となる．これを (2.8) を使って y に戻すと，

$$\frac{\left|\dfrac{y}{x}+2\right|^{\frac{2}{3}}}{\left|1-\dfrac{y}{x}\right|^{\frac{5}{3}}} = c_1 x$$

という，$y(x)$ の陰関数表示が得られる．　□

2.4　リッカチ型

$y' = (y$ の 2 次式) となっている微分方程式を**リッカチ** (Riccati) **型**という．すなわち

$$y' = a(x)y^2 + b(x)y + c(x) \tag{2.11}$$

という形である．

リッカチ型の微分方程式はいつでも求積できるわけではないが，2 階の線形微分方程式 (未知関数やその微分に関して 1 次式になっているような微分方程式) に帰着させることができる．線形微分方程式はこのあと第 3 章で扱うが，いろいろなことがとても調べやすいので，帰着させる意味がある．

2 階線形微分方程式に帰着させる方法　新しい未知関数 u を

$$y = -\frac{1}{a}\cdot\frac{u'}{u} \tag{2.12}$$

により導入する．(2.12) の両辺を微分すると，

$$\begin{aligned} y' &= \frac{a'}{a^2}\cdot\frac{u'}{u} - \frac{1}{a}\cdot\frac{u''u-(u')^2}{u^2} \\ &= \frac{a'}{a^2}\cdot\frac{u'}{u} - \frac{1}{a}\cdot\frac{u''}{u} + \frac{1}{a}\left(\frac{u'}{u}\right)^2 \end{aligned}$$

となる．一方 (2.11) の右辺を (2.12) により書き換えると，

$$a\left(-\frac{1}{a}\cdot\frac{u'}{u}\right)^2+b\left(-\frac{1}{a}\cdot\frac{u'}{u}\right)+c=\frac{1}{a}\left(\frac{u'}{u}\right)^2-\frac{b}{a}\cdot\frac{u'}{u}+c$$

となるので，これらより

$$\frac{a'}{a^2}\cdot\frac{u'}{u}-\frac{1}{a}\cdot\frac{u''}{u}=-\frac{b}{a}\cdot\frac{u'}{u}+c,$$
$$\frac{1}{a}\cdot\frac{u''}{u}-\left(\frac{b}{a}+\frac{a'}{a^2}\right)\frac{u'}{u}+c=0,$$

となり，u に関する 2 階線形微分方程式

$$\frac{1}{a}u''-\left(\frac{b}{a}+\frac{a'}{a^2}\right)u'+cu=0 \tag{2.13}$$

が得られる．(2.13) を解くことができれば，(2.12) により y が求められる．

以上の操作を，リッカチ型方程式の線形化という．

例 2.4　$y'=y^2+\dfrac{\alpha+\beta-1}{x}y+\dfrac{\alpha\beta}{x^2}$　(α,β : 定数，$\alpha\neq\beta$)

解　これは

$$a=1,\quad b=\frac{\alpha+\beta-1}{x},\quad c=\frac{\alpha\beta}{x^2}$$

の場合なので，

$$y=-\frac{u'}{u}$$

により新しい未知関数 u を定めると，u についての 2 階線形微分方程式

$$u''-\frac{\alpha+\beta-1}{x}u'+\frac{\alpha\beta}{x^2}u=0$$

が得られる．この微分方程式は今は解けないが，第 5 章で解き方を学ぶと，一般解が

$$u(x)=c_1x^\alpha+c_2x^\beta\qquad(c_1,c_2\text{は任意定数})$$

で与えられることがわかる (例 5.2 参照)．これを y に代入して，

$$y(x)=-\frac{c_1\alpha x^{\alpha-1}+c_2\beta x^{\beta-1}}{c_1x^\alpha+c_2x^\beta}$$

$$= -\frac{\alpha x^{\alpha-1} + c\beta x^{\beta-1}}{x^\alpha + cx^\beta}$$

を得る．ここで $c = \dfrac{c_2}{c_1}$ とおいた．これは任意定数を 1 つ含むので，一般解となっている．　□

このように，リッカチ型方程式に対応する 2 階線形微分方程式の一般解は任意定数を 2 個含むが，それをリッカチ型方程式に戻すと任意定数は実質的に 1 個となり，ちょうど 1 階の微分方程式の一般解になるのである．

問題 2

1. 次の微分方程式を解け．(Easiest case)

(1)　$y' = \dfrac{2}{x^2 - 1}$

(2)　$y' = \dfrac{x^3 + 1}{x^2 - 3x + 2}$

(3)　$y' = \dfrac{ax + b}{x - x^2}$

(4)　$y' = \dfrac{2}{x^2 + 1}$

(5)　$y' = \dfrac{x}{x^2 + x + 1}$

(6)　$y' = \dfrac{1}{(x^2 + 1)^2}$

(7)　$y' = \sqrt{2x - 1}$

(8)　$y' = \sqrt{\dfrac{x - 1}{x + 1}}$

(9)　$y' = \dfrac{1}{\sqrt{1 - a^2x^2}}$

(10)　$y' = \sqrt{x^2 + 1}$

(11)　$y' = \log x$

(12)　$y' = \cos 2x$

(13)　$y' = \tan x$

(14)　$y' = \sin^3 x$

(15)　$y' = \sin^{-1} x$

(16)　$y' = \begin{cases} \sqrt{x} & (x \geq 0), \\ 0 & (x < 0) \end{cases}$

2. 次の微分方程式を解け. (変数分離形)

(1)　$y' = xy$

(2)　$y' = x^a y^b \qquad (a \neq -1, b \neq 1)$

(3)　$y' = e^{x+y}$

(4)　$y' = \dfrac{\sin x}{y}$

(5)　$y' = y + 1$

(6)　$y' = y^2 - 3y + 2$

(7)　$y' = y^2 + 1$

(8)　$y' = y^2 + y + 1$

(9)　$y' = (y^2 + 1)x$

(10)　$y' = \dfrac{x^2 + x + 1}{y^3 + 1}$

(11)　$y' = \dfrac{y^2 + y + 1}{x^2 + x + 1}$

(12)　$y' = x^2\sqrt{1 - y^2}$

(13)　$y' = \tan y$

(14)　$y' = \sin x \cos y$

(15)　$y' = \dfrac{x}{1 + \tan^2 y}$

(16)　$y' = |x|y$

3. 次の微分方程式を解け．(同次形)

(1) $y' = \dfrac{y^2}{x^2} + \dfrac{y}{x} - 1$

(2) $y' = \dfrac{y}{x} + \dfrac{x}{y}$

(3) $y' = \dfrac{xy}{x^2 + y^2}$

(4) $y' = \dfrac{y^2 - 2x^2}{x^2}$

4. 次のリッカチ型方程式を線形化して得られる 2 階線形微分方程式を求めよ．

(1) $y' = y^2 + py + q$

(2) $y' = x^2 - y^2$

(3) $y' = x^2 y^2 - 1$

5. 次の微分方程式の解で，与えられた初期条件をみたすものを求めよ．

(1) $y' = y(1 - y)$　　$y(0) = 2$

(2) $y' = y(1 - y)$　　$y(0) = -1$

(3) $y' = y \sin x$　　$y\left(\dfrac{\pi}{2}\right) = -3$

(4) $y' = \dfrac{y}{2(x - 1)}$　　$y(0) = 1$

(5) $y' = \dfrac{\log x}{y}$　　$y(1) = -2$

(6) $y' = y^3$　　$y(1) = 3$

第 3 章

線形微分方程式

3.1 解空間の構造

未知関数 y およびそのすべての微分について 1 次式となっている微分方程式を，**線形**という．つまり n 階の線形微分方程式とは，

$$p_0(x)y^{(n)} + p_1(x)y^{(n-1)} + \cdots + p_{n-1}(x)y' + p_n(x)y = q(x) \tag{3.1}$$

というふうに書かれるものである．(3.1) において $q(x) \equiv 0$ となっている場合を**同次** (または**斉次**) とよび，そうでないものを**非同次** (または**非斉次**) とよぶ．すなわち線形同次微分方程式とは，

$$p_0(x)y^{(n)} + p_1(x)y^{(n-1)} + \cdots + p_{n-1}(x)y' + p_n(x)y = 0 \tag{3.2}$$

という形の微分方程式である．

線形微分方程式の解全体の集合はとても整然とした構造を持っており，それが線形微分方程式の解の性質を調べやすいことにもつながっている．本章ではまずその様子を説明し，そのあと線形微分方程式の解法を紹介していこう．

定理 3.1 線形同次微分方程式の解の定数係数線形結合は，また解となる．

証明 線形同次微分方程式 (3.2) を考える．定理の主張は，$y_1(x), y_2(x), \cdots, y_k(x)$ を (3.2) の解，$c_1, c_2, \cdots, c_k$ を定数とするとき，

$$y(x) = c_1 y_1(x) + c_2 y_2(x) + \cdots + c_k y_k(x)$$

も (3.2) の解になる，ということである．$y(x)$ の微分を計算すると，

$$\begin{aligned} y^{(m)}(x) &= c_1 y_1^{(m)}(x) + c_2 y_2^{(m)}(x) + \cdots + c_k y_k^{(m)}(x) \\ &= \sum_{j=1}^{k} c_j y_j^{(m)}(x) \qquad (m = 1, 2, \cdots) \end{aligned}$$

となる．これらを (3.2) に代入し，各 $y_j(x)$ が (3.2) の解であることを用いると，

$$\begin{aligned} & p_0 y^{(n)} + p_1 y^{(n-1)} + \cdots + p_n y \\ &= p_0 \left(\sum_{j=1}^{k} c_j y_j^{(n)} \right) + p_1 \left(\sum_{j=1}^{k} c_j y_j^{(n-1)} \right) + \cdots + p_n \left(\sum_{j=1}^{k} c_j y_j \right) \\ &= \sum_{j=1}^{k} c_j \left(p_0 y_j^{(n)} + p_1 y_j^{(n-1)} + \cdots + p_n y_j \right) \\ &= 0 \end{aligned}$$

となるので，定理の主張が示された． □

例 3.1 1 階線形同次微分方程式

$$p_0(x) y' + p_1(x) y = 0$$

を考える．これは

$$y' = -\frac{p_1(x)}{p_0(x)} y$$

と書き換えると変数分離形となるので，求積できる．手順に従って解を求めると，一般解

$$y(x) = ce^{P(x)} \quad (c \text{ は任意定数})$$

が得られる．ただしここで $P(x)$ は $-\dfrac{p_1(x)}{p_0(x)}$ の原始関数の 1 つである．

問 3.1 この解の表示を用いて，定理 3.1 の主張を確かめよ．

例 3.2　2 階線形同次微分方程式の例を挙げよう．これらの方程式の解は，特殊関数として物理現象などの記述に用いられる重要な関数となる．

$$x(1-x)y'' + \{\gamma - (\alpha+\beta+1)x\}y' - \alpha\beta y = 0 \quad \text{(超幾何微分方程式)}$$

$$y'' + \frac{1}{x}y' + \left(1 - \frac{n^2}{x^2}\right)y = 0 \quad \text{(ベッセルの微分方程式)}$$

$$y'' - xy = 0 \quad \text{(エアリーの微分方程式)}$$

超幾何微分方程式とベッセルの微分方程式については，第 5 章 5.4 節で解の構成を行う．エアリーの微分方程式は，虹の現れ方を記述するときに用いられるものである．この 3 つの方程式の中では見かけ上一番簡単に見えるが，数学的には一番難しい方程式で，本書ではその解の解析には立ち入らない．

線形代数で線形独立・線形従属 (あるいは一次独立・一次従属) という概念を学んだことと思う．線形同次微分方程式の解についても，これらの概念が適用され，重要な意味を持つ．

方程式 (3.2) を考え，$y_1(x), y_2(x), \cdots, y_k(x)$ をその解とする．定数 c_1, $c_2, \cdots, c_k$ によって

$$c_1 y_1(x) + c_2 y_2(x) + \cdots + c_k y_k(x) \equiv 0 \tag{3.3}$$

が成り立つのは $c_1 = c_2 = \cdots = c_k = 0$ の場合に限るとき，解の組 $y_1(x), y_2(x), \cdots, y_k(x)$ を**線形独立**という．そうでないとき，すなわち $(c_1, c_2, \cdots, c_k) \neq (0, 0, \cdots, 0)$ である定数 $c_1, c_2, \cdots, c_k$ によって (3.3) が成立するとき， $y_1(x), y_2(x), \cdots, y_k(x)$ を**線形従属**という．

線形同次微分方程式の解の集合が線形独立か線形従属かを判定するのに用いられる，重要な概念を導入しよう．n 個の関数 $y_1(x), y_2(x), \cdots, y_n(x)$ に対して，行列式

$$W(y_1, y_2, \cdots, y_n)(x) = \begin{vmatrix} y_1(x) & y_2(x) & \cdots & y_n(x) \\ y_1'(x) & y_2'(x) & \cdots & y_n'(x) \\ \vdots & \vdots & & \vdots \\ y_1^{(n-1)}(x) & y_2^{(n-1)}(x) & \cdots & y_n^{(n-1)}(x) \end{vmatrix} \tag{3.4}$$

のことを**ロンスキアン** (Wronskian) という．ロンスキアンについては，次の著しい結果が成り立つ．

定理 3.2 n 階線形同次微分方程式の n 個の解 $y_1(x), y_2(x), \cdots, y_n(x)$ について，そのロンスキアン $W(y_1, y_2, \cdots, y_n)(x)$ は恒等的に 0 になるか，決して 0 にならないかのいずれかである．恒等的に 0 になる場合，$y_1(x), y_2(x), \cdots, y_n(x)$ は線形従属であり，決して 0 にならない場合，$y_1(x)$, $y_2(x), \cdots, y_n(x)$ は線形独立である．

この定理の証明には，次の事実が必要である．

補題 3.1 $y_1(x), y_2(x), \cdots, y_n(x)$ を n 階線形同次微分方程式 (3.2) の解とし，

$$w(x) = W(y_1, y_2, \cdots, y_n)(x)$$

とおくとき，$w(x)$ は次の微分方程式をみたす．

$$w' = -\frac{p_1(x)}{p_0(x)} w \tag{3.5}$$

証明 関数を要素とする正方行列の行列式の微分は，1 つの行だけを微分して得られる行列の行列式の和になることが，行列式の定義から分かる．すなわち，$a_{ij} = a_{ij}(x)$ を関数とするとき，

$$\begin{vmatrix} a_{11} & a_{12} & \cdots & a_{1n} \\ a_{21} & a_{22} & \cdots & a_{2n} \\ \vdots & \vdots & & \vdots \\ a_{n1} & a_{n2} & \cdots & a_{nn} \end{vmatrix}' = \begin{vmatrix} a'_{11} & a'_{12} & \cdots & a'_{1n} \\ a_{21} & a_{22} & \cdots & a_{2n} \\ \vdots & \vdots & & \vdots \\ a_{n1} & a_{n2} & \cdots & a_{nn} \end{vmatrix} + \begin{vmatrix} a_{11} & a_{12} & \cdots & a_{1n} \\ a'_{21} & a'_{22} & \cdots & a'_{2n} \\ \vdots & \vdots & & \vdots \\ a_{n1} & a_{n2} & \cdots & a_{nn} \end{vmatrix}$$

$$+ \cdots + \begin{vmatrix} a_{11} & a_{12} & \cdots & a_{1n} \\ a_{21} & a_{22} & \cdots & a_{2n} \\ \vdots & \vdots & & \vdots \\ a'_{n1} & a'_{n2} & \cdots & a'_{nn} \end{vmatrix}$$

が成り立つ．これを用いて w' を計算することを考えると，第 1 行を微分すると第 2 行に等しくなり，等しい 2 つの行を持つ行列の行列式になるので 0 となる．同様の考察を続けていって，最後に第 $n-1$ 行を微分すると第 n 行に等しくなり，この行列式も 0 となる．よって第 n 行を微分したものだけが残り，

$$w' = \begin{vmatrix} y_1 & y_2 & \cdots & y_n \\ y_1' & y_2' & \cdots & y_n' \\ \vdots & \vdots & & \vdots \\ y_1^{(n-2)} & y_2^{(n-2)} & \cdots & y_n^{(n-2)} \\ y_1^{(n)} & y_2^{(n)} & \cdots & y_n^{(n)} \end{vmatrix}$$

となることが分かる．右辺の第 n 行に現れる $y_j^{(n)}$ については，微分方程式 (3.2) を用いて

$$y_j^{(n)} = -\frac{p_1}{p_0} y_j^{(n-1)} - \frac{p_2}{p_0} y_j^{(n-2)} - \cdots - \frac{p_n}{p_0} y_j$$

と表させるので，この表示を代入しよう．行列式の性質により，第 n 行に第 1 行の $\dfrac{p_n}{p_0}$ 倍，第 2 行の $\dfrac{p_{n-1}}{p_0}$ 倍，$\cdots$，第 $n-1$ 行の $\dfrac{p_2}{p_0}$ 倍を加えてもその値は変わらないので，結局

$$\begin{aligned} w' &= \begin{vmatrix} y_1 & y_2 & \cdots & y_n \\ y_1' & y_2' & \cdots & y_n' \\ \vdots & \vdots & & \vdots \\ y_1^{(n-2)} & y_2^{(n-2)} & \cdots & y_n^{(n-2)} \\ -\frac{p_1}{p_0} y_1^{(n-1)} & -\frac{p_1}{p_0} y_2^{(n-1)} & \cdots & -\frac{p_1}{p_0} y_n^{(n-1)} \end{vmatrix} \\ &= -\frac{p_1}{p_0} \begin{vmatrix} y_1 & y_2 & \cdots & y_n \\ y_1' & y_2' & \cdots & y_n' \\ \vdots & \vdots & & \vdots \\ y_1^{(n-2)} & y_2^{(n-2)} & \cdots & y_n^{(n-2)} \\ y_1^{(n-1)} & y_2^{(n-1)} & \cdots & y_n^{(n-1)} \end{vmatrix} \end{aligned}$$

$$= -\frac{p_1}{p_0}w$$

となる． □

定理 3.2 の証明 例 3.1 と同様に，$P(x)$ を $-\dfrac{p_1(x)}{p_0(x)}$ の原始関数の 1 つとすると，(3.5) の一般解は

$$w(x) = ce^{P(x)} \qquad (c \text{ は任意定数}) \tag{3.6}$$

と表される．もし $c=0$ なら $w(x) \equiv 0$ となり，またもし $c \neq 0$ なら，$e^{P(x)}$ は決して 0 にはならないので，$w(x)$ も決して 0 にはならない．

なお，あらゆる解が (3.6) の形で表されることは次にようにして示される．$x=a$ を任意にとる．いま (3.5) の任意の解 $w_1(x)$ をとり，$b_1 = w_1(a)$ とおく．また c を $c = b_1 e^{-P(a)}$ とすると，(3.6) で与えられる $w(x)$ も初期条件 $w(a) = b_1$ をみたす (3.5) の解となる．第 4 章で示される定理 4.1 によると，初期条件を指定すると解は唯 1 つに限るので，$w_1(x) = w(x)$ となり，任意の解が (3.6) の形に表されるのである．

さて $y_1, y_2, \cdots, y_n$ が線形従属としよう．すると

$$c_1 y_1(x) + c_2 y_2(x) + \cdots + c_n y_n(x) = 0 \tag{3.7}$$

となるような $(c_1, c_2, \cdots, c_n) \neq (0, 0, \cdots, 0)$ が存在する．(3.7) の両辺を微分していくと，

$$c_1 y_1^{(j)}(x) + c_2 y_2^{(j)}(x) + \cdots + c_n y_n^{(j)}(x) = 0 \qquad (j = 1, 2, 3, \cdots)$$

を得る．これらを

$$\begin{pmatrix} y_1(x) & y_2(x) & \cdots & y_n(x) \\ y_1'(x) & y_2'(x) & \cdots & y_n'(x) \\ \vdots & \vdots & & \vdots \\ y_1^{(n-1)}(x) & y_2^{(n-1)}(x) & \cdots & y_n^{(n-1)}(x) \end{pmatrix} \begin{pmatrix} c_1 \\ c_2 \\ \vdots \\ c_n \end{pmatrix} = \begin{pmatrix} 0 \\ 0 \\ \vdots \\ 0 \end{pmatrix}$$

というふうに表せば，$(c_1, c_2, \cdots, c_n) \neq (0, 0, \cdots, 0)$ なので左辺の行列は 0 を固有値に持つことがわかる．よってその行列式である $w(x)$ は，あらゆる x に対して 0 になる．

逆に $w(x) = W(y_1, y_2, \cdots, y_n)(x) \equiv 0$ としよう．このとき 1 点 $x = a$ においても $w(a) = 0$ となるので，

$$
(3.8) \qquad \begin{pmatrix} y_1(a) & y_2(a) & \cdots & y_n(a) \\ y_1'(a) & y_2'(a) & \cdots & y_n'(a) \\ \vdots & \vdots & & \vdots \\ y_1^{(n-1)}(a) & y_2^{(n-1)}(a) & \cdots & y_n^{(n-1)}(a) \end{pmatrix} \begin{pmatrix} c_1 \\ c_2 \\ \vdots \\ c_n \end{pmatrix} = \begin{pmatrix} 0 \\ 0 \\ \vdots \\ 0 \end{pmatrix}
$$

となるベクトル $(c_1, c_2, \cdots, c_n) \neq (0, 0, \cdots, 0)$ が存在する．このベクトルを用いて

$$
y_0(x) = c_1 y_1(x) + c_2 y_2(x) + \cdots + c_n y_n(x)
$$

と定義すると，定理 3.1 により $y_0(x)$ は (3.2) の解となる．(3.8) を用いると，$y(x) = y_0(x)$ は次の初期条件をみたすことがわかる．

$$
y(a) = 0,\ y'(a) = 0, \cdots, y^{(n-1)}(a) = 0
$$

ところが恒等的に 0 という関数も微分方程式 (3.2) の解であり，同じ初期条件をみたす．第 4 章の定理 4.1 によると同じ初期条件をみたす解は恒等的に等しくなるので，$y_0(x) \equiv 0$ が結論される．したがって $y_1, y_2, \cdots, y_n$ は線形従属となる．

以上で $W(y_1, y_2, \cdots, y_n)(x) \equiv 0$ は $y_1, y_2, \cdots, y_n$ が線形従属となる必要十分条件であることが示された．□

上の証明は，第 4 章で証明される定理 4.1 を用いているので，厳密には定理 4.1 が証明された時点で完成することになる．次の定理は，線形同次微分方程式の解全体の集合の構造を述べた重要な結果であるが，やはり第 4 章で説明される結果を用いて証明される．

定理 3.3　線形同次微分方程式

$$y^{(n)} + p_1(x)y^{(n-1)} + p_2(x)y^{(n-2)} + \cdots + p_n(x)y = 0 \tag{3.9}$$

において，係数 $p_1(x), p_2(x), \cdots, p_n(x)$ は区間 I で連続とする．このとき (3.9) の解はすべて I 上定義され，その全体は n 次元線形空間をなす．

証明　定理 4.3 により，(3.9) のどの解も I 全体で定義される．

(3.9) が n 個の線形独立な解を持つことを示そう．$a \in I$ を任意にとる．$j = 1, 2, \cdots, n$ に対し，初期条件

$$\begin{aligned} &y(a) = 0,\ y'(a) = 0, \cdots, y^{(j-1)}(a) = 0,\ y^{(j)}(a) = 1, \\ &y^{(j+1)}(a) = 0, \cdots, y^{(n-1)}(a) = 0 \end{aligned} \tag{3.10}$$

をみたす (3.9) の解を $y_j(x)$ とおく．$y_j(x)$ が存在し唯 1 つに定まることは定理 4.1 によりわかる．ロンスキアン $W(y_1, y_2, \cdots, y_n)(x)$ を考えると，$x = a$ において

$$W(y_1, y_2, \cdots, y_n)(a) = |I_n| = 1 \neq 0$$

となるので，定理 3.2 により $y_1(x), y_2(x), \cdots, y_n(x)$ は線形独立である．

さて (3.9) の任意の解 $y_0(x)$ を持ってくる．

$$y_0(a) = b_1,\ y_0'(a) = b_2,\ y_0''(a) = b_3, \cdots,\ y_0^{(n-1)}(a) = b_n$$

により $(b_1, b_2, \cdots, b_n)$ を定める．これを用いて

$$y(x) = b_1y_1(x) + b_2y_2(x) + \cdots + b_ny_n(x)$$

とおくと，$y(x)$ は (3.9) の解であり，しかも $y_0(x)$ と同じ初期条件

$$y(a) = b_1,\ y'(a) = b_2,\ y''(a) = b_3, \cdots,\ y^{(n-1)}(a) = b_n$$

をみたすことが (3.10) からわかる．定理 4.1 により同じ初期条件をみたす解は一致するので，

$$y_0(x) = b_1y_1(x) + b_2y_2(x) + \cdots + b_ny_n(x)$$

を得る．これは任意の解 $y_0(x)$ が $y_1(x), y_2(x), \cdots, y_n(x)$ の定数係数線形結

合で表されるということだから，(3.9) の解全体は高々 n 次元の線形空間をなすことが示された．また $y_1(x), y_2(x), \cdots, y_n(x)$ は線形独立でその個数は n であるので，解全体のなす線形空間の次元が確かに n であることがわかる．□

この証明からわかるように，n 階の線形同次微分方程式においては，n 個の線形独立な解の組が解空間 (解全体のなす線形空間) の基底となる．解空間の基底となるような解の組のことを**基本解系**とよぶ．

ロンスキアンを用いると，指定されたいくつかの関数を解に持つ微分方程式を作ることができる．

区間 I で定義された関数 $z_1(x), z_2(x), \cdots, z_n(x)$ が与えられ，I 上 $W(z_1, z_2, \cdots, z_n)(x) \neq 0$ をみたしているとする．

定理 3.4　$z_1(x), z_2(x), \cdots, z_n(x)$ を解とする n 階線形同次微分方程式は，y を未知関数とするとき

$$W(y, z_1, z_2, \cdots, z_n) = 0 \tag{3.11}$$

により与えられる．

証明　行列式

$$W(y, z_1, z_2, \cdots, z_n) = \begin{vmatrix} y & z_1(x) & z_2(x) & \cdots & z_n(x) \\ y' & z_1'(x) & z_2'(x) & \cdots & z_n'(x) \\ \vdots & \vdots & \vdots & & \vdots \\ y^{(n-1)} & z_1^{(n-1)}(x) & z_2^{(n-1)}(x) & \cdots & z_n^{(n-1)}(x) \\ y^{(n)} & z_1^{(n)}(x) & z_2^{(n)}(x) & \cdots & z_n^{(n)}(x) \end{vmatrix}$$

を第 1 列で展開すると，

$$p_0(x)y^{(n)} + p_1(x)y^{(n-1)} + \cdots + p_n(x)y, \quad p_0(x) = W(z_1, z_2, \cdots, z_n)(x)$$

という形になることがわかるので，(3.11) は n 階線形同次微分方程式である．$W(y, z_1, z_2, \cdots, z_n)$ において $y = z_j$ を代入すると，2 つの列が等しくなる

ため行列式の値は 0 となる．これは $y = z_j(x)$ がこの微分方程式の解であることを意味する．　□

例 3.3　$e^{\alpha x}, e^{\beta x}$ $(\alpha \neq \beta)$ を解とする 2 階線形同次微分方程式を求めよ．

解　$z_1 = e^{\alpha x}$, $z_2 = e^{\beta x}$ とおくと，求める方程式は

$$W(y, z_1, z_2) = 0$$

で与えられる．左辺を計算しよう．

$$\begin{aligned}
W(y, z_1, z_2) &= \begin{vmatrix} y & z_1 & z_2 \\ y' & z_1' & z_2' \\ y'' & z_1'' & z_2'' \end{vmatrix} \\
&= \begin{vmatrix} y & e^{\alpha x} & e^{\beta x} \\ y' & \alpha e^{\alpha x} & \beta e^{\beta x} \\ y'' & \alpha^2 e^{\alpha x} & \beta^2 e^{\beta x} \end{vmatrix} \\
&= y'' \begin{vmatrix} e^{\alpha x} & e^{\beta x} \\ \alpha e^{\alpha x} & \beta e^{\beta x} \end{vmatrix} - y' \begin{vmatrix} e^{\alpha x} & e^{\beta x} \\ \alpha^2 e^{\alpha x} & \beta^2 e^{\beta x} \end{vmatrix} + y \begin{vmatrix} \alpha e^{\alpha x} & \beta e^{\beta x} \\ \alpha^2 e^{\alpha x} & \beta^2 e^{\beta x} \end{vmatrix} \\
&= y''(\beta - \alpha)e^{(\alpha+\beta)x} - y'(\beta^2 - \alpha^2)e^{(\alpha+\beta)x} \\
&\quad + y(\alpha\beta^2 - \beta\alpha^2)e^{(\alpha+\beta)x} \\
&= (\beta - \alpha)e^{(\alpha+\beta)x}\left[y'' - (\alpha + \beta)y' + \alpha\beta y\right]
\end{aligned}$$

したがって求める微分方程式は，

$$y'' - (\alpha + \beta)y' + \alpha\beta y = 0$$

となる．　□

3.2　定数係数線形同次微分方程式の解法

線形同次微分方程式 (3.2) において，係数 $p_j(x)$ がすべて定数の場合には，解を具体的に求めることができる．その求め方を，まず 2 階の場合に説明し

よう．

2 階の定数係数線形同次微分方程式

$$y'' + ay' + by = 0 \qquad (a, b \in \boldsymbol{R}) \tag{3.12}$$

を考える．これの解を，

$$y = e^{\alpha x} \tag{3.13}$$

という形で探してみよう．(3.13) の微分を計算すると，

$$y' = \alpha e^{\alpha x}, \quad y'' = \alpha^2 e^{\alpha x}$$

となるので，これらを (3.12) に代入する．

$$0 = \alpha^2 e^{\alpha x} + a\alpha e^{\alpha x} + be^{\alpha x} = (\alpha^2 + a\alpha + b)e^{\alpha x}$$

ここで $e^{\alpha x} \neq 0$ であるので，

$$\alpha^2 + a\alpha + b = 0 \tag{3.14}$$

という α についての 2 次方程式が得られる．つまり (3.14) の解 α を求めて (3.13) に代入すると，(3.12) の解が手に入るのである．

ただし (3.12) は 2 階線形同次微分方程式なので，完全に解くためには基本解系，つまり 2 個の線形独立な解を求める必要がある．したがって (3.14) が重解を持つ場合には，この方法では 1 個の解しか手に入らないので，もう 1 個の解を別に求めなくてはならない．また (3.14) の解が複素数の場合には，(3.13) は複素変数の指数関数となり，それは数学的にはきちんと定義されるものだが，我々になじみのふつうの実関数で表す必要もある．そこで，基本解系の求め方を場合分けして説明していこう．

Case 1　(3.14) が異なる 2 つの実数解 α, β を持つ場合．

このときは，

$$y_1 = e^{\alpha x}, \quad y_2 = e^{\beta x}$$

が (3.12) の基本解系となる．

Case 2　(3.14) が 2 つの共役な複素数解 $u + iv, u - iv$ を持つ場合．

このときは，$y_1 = e^{(u+iv)x}, y_2 = e^{(u-iv)x}$ は 2 つの解であるが，複素変数の指数関数を用いない解の表示を求めたいと考える．そこでオイラー (Euler) の公式

$$e^{i\theta} = \cos\theta + i\sin\theta \tag{3.15}$$

を利用すると，

$$y_1 = e^{(u+iv)x} = e^{ux}e^{ivx} = e^{ux}(\cos vx + i\sin vx)$$
$$y_2 = e^{(u-iv)x} = e^{ux}e^{-ivx} = e^{ux}(\cos vx - i\sin vx)$$

となることがわかる．定理 3.1 によって，解の線形結合はまた解であるので，y_1, y_2 の線形結合を次のようにうまく作ることで，実関数の解が得られる．

$$y_3 = \frac{y_1 + y_2}{2} = e^{ux}\cos vx$$
$$y_4 = \frac{y_1 - y_2}{2i} = e^{ux}\sin vx$$

y_3, y_4 が (3.12) の基本解系となる．

問 3.2　$y_3 = e^{ux}\cos vx$, $y_4 = e^{ux}\sin vx$ が線形独立であることを示せ．

Case 3　(3.14) が重解 α を持つ場合．

このときは α は実数であるので，$y_1 = e^{\alpha x}$ は (3.12) の実関数解である．これと線形独立なもう 1 つの解は，じつは $y_2 = xe^{\alpha x}$ により与えられる．y_2 が (3.12) の解になることを見てみよう．

$$y_2' = e^{\alpha x} + \alpha xe^{\alpha x}, \quad y_2'' = 2\alpha e^{\alpha x} + \alpha^2 xe^{\alpha x}$$

を (3.12) に代入する．

$$(2\alpha e^{\alpha x} + \alpha^2 xe^{\alpha x}) + a(e^{\alpha x} + \alpha xe^{\alpha x}) + bxe^{\alpha x}$$
$$= [(2\alpha + \alpha^2 x) + a(1 + \alpha x) + bx]e^{\alpha x}$$

$$= (\alpha^2 + a\alpha + b)xe^{\alpha x} + (2\alpha + a)e^{\alpha x}$$

α が (3.14) の重解であるとは,

$$x^2 + ax + b = (x - \alpha)^2$$

が成り立つということだから，両辺の x の係数を比べて $a = -2\alpha$ を得る．したがって (3.14) と合わせて，上式の右辺が 0 となること，すなわち y_2 が (3.12) の解になることが示された．

次の問により y_1 と y_2 が線形独立であることが示されるので,

$$y_1 = e^{\alpha x}, \quad y_2 = xe^{\alpha x}$$

が (3.12) の基本解系となる．

問 3.3　$y_1 = e^{\alpha x}$, $y_2 = xe^{\alpha x}$ が線形独立であることを示せ．

以上の話は n 階の場合も同様である．

定数係数 n 階線形微分方程式

$$y^{(n)} + a_1 y^{(n-1)} + a_2 y^{(n-2)} + \cdots + a_n y = 0 \quad (a_1, a_2, \cdots, a_n \in \boldsymbol{R}) \tag{3.16}$$

を考える．この微分方程式に対応して，n 次方程式

$$x^n + a_1 x^{n-1} + a_2 x^{n-2} + \cdots + a_n = 0 \tag{3.17}$$

を考える．微分方程式 (3.16) の基本解系は n 次方程式 (3.17) の解を用いて構成することができる．基本となる 3 つの場合に，基本解系の構成を述べよう．

Case 1　(3.17) が異なる n 個の実数解 $\alpha_1, \alpha_2, \cdots, \alpha_n$ を持つ場合．

このときは

$$y_1 = e^{\alpha_1 x}, y_2 = e^{\alpha_2 x}, \cdots, y_n = e^{\alpha_n x}$$

が基本解系となる．

Case 2　(3.17) が異なる m 組の共役複素数解 $u_1 \pm iv_1, u_2 \pm iv_2, \cdots, u_m \pm iv_m$ と $n-2m$ 個の異なる実数解 $\alpha_{2m+1}, \alpha_{2m+2}, \cdots, \alpha_n$ を持つ場合．

このときは，基本解系として

$$y_1 = e^{u_1 x}\cos v_1 x,\ y_2 = e^{u_1 x}\sin v_1 x, \cdots,$$
$$y_{2m-1} = e^{u_m x}\cos v_m x,\ y_{2m} = e^{u_m x}\sin v_m x,$$
$$y_{2m+1} = e^{\alpha_{2m+1} x}, \cdots, y_n = e^{\alpha_n x}$$

がとれる．

Case 3　(3.17) が n 重解 α を持つ場合．

このときは，基本解系として

$$y_1 = e^{\alpha x},\ y_2 = xe^{\alpha x},\ y_3 = x^2 e^{\alpha x}, \cdots, y_n = x^{n-1}e^{\alpha x}$$

がとれる．

Case 1，Case 2 については，2 階の場合と同様なので証明は省く．Case 3 について，$y_1, y_2, \cdots, y_n$ が解となることを示そう．

証明のため，微分作用素 $D = \dfrac{d}{dx}$ というものを考える．D は関数に作用し，

$$Df = \frac{d}{dx}f = f',\ D^2 f = \left(\frac{d}{dx}\right)^2 f = \frac{d^2 f}{dx^2} = f'', \cdots,$$
$$D^j f = \left(\frac{d}{dx}\right)^j f = \frac{d^j f}{dx^j} = f^{(j)}$$

というように関数にその微分を対応させるものである．D を用いると，微分方程式 (3.16) の左辺は，

$$\begin{aligned} &y^{(n)} + a_1 y^{(n-1)} + a_2 y^{(n-2)} + \cdots + a_n y \\ &\quad = (D^n + a_1 D^{n-1} + a_2 D^{n-2} + \cdots + a_n)y \end{aligned}$$

というふうに表される．ここに現れた D の多項式

$$D^n + a_1 D^{n-1} + a_2 D^{n-2} + \cdots + a_n$$

は，(3.17) の左辺で x を D で置き換えたものに他ならない．そこで D が微分作用素であることを一時忘れて，これを因数分解してみよう．(3.17) の解を $\alpha_1, \alpha_2, \cdots, \alpha_n$ とすると，

$$\begin{aligned} &D^n + a_1 D^{n-1} + a_2 D^{n-2} + \cdots + a_n \\ &= (D - \alpha_1)(D - \alpha_2) \cdots (D - \alpha_n) \end{aligned} \tag{3.18}$$

となる．このような計算は一般には無意味だが，$a_1, a_2, \cdots, a_n$ が定数の場合には正しい．というのは，$n = 2$ のときを考えてみると，

$$x^2 + a_1 x + a_2 = (x - \alpha_1)(x - \alpha_2)$$

であるとしたとき，a_1, a_2 が定数であるから α_1, α_2 も定数であることに注意すると，

$$\begin{aligned} (D - \alpha_1)(D - \alpha_2) f &= (D - \alpha_1)(f' - \alpha_2 f) \\ &= D(f' - \alpha_2 f) - \alpha_1 (f' - \alpha_2 f) \\ &= f'' - \alpha_2 f' - \alpha_1 f' + \alpha_1 \alpha_2 f \\ &= f'' - (\alpha_1 + \alpha_2) f' + \alpha_1 \alpha_2 f \\ &= f'' + a_1 f' + a_2 f \\ &= (D^2 + a_1 D + a_2) f \end{aligned}$$

となり，(3.18) の右辺を f に作用させた結果と左辺を f に作用させた結果が一致するからである．今の計算は a_1 や a_2 が x の関数の場合には成り立たない (問 3.4 参照)．$n > 2$ の場合は同様であるので省略する．

さて Case 3 の場合は，(3.17) が n 重解 α を持つのであるから，(3.26) において $\alpha_1 = \alpha_2 = \cdots = \alpha_n = \alpha$ となる場合である．すなわち微分方程式 (3.16) は

$$(D - \alpha)^n y = 0 \tag{3.19}$$

となっている．

さて $y = x^k e^{\alpha x}$ とおこう．

$$\begin{aligned}(D-\alpha)y &= Dy - \alpha y \\ &= (x^k e^{\alpha x})' - \alpha x^k e^{\alpha x} \\ &= kx^{k-1}e^{\alpha x} + \alpha x^k e^{\alpha x} - \alpha x^k e^{\alpha x} \\ &= kx^{k-1}e^{\alpha x}\end{aligned}$$

が成り立つ．これをくり返していくと，

$$(D-\alpha)^n y = k(k-1)\cdots(k-n+1)x^{k-n}e^{\alpha x}$$

を得る．したがって $k = 0, 1, \cdots, n-1$ のとき右辺が 0 となるので，Case 3 の $y_1, y_2, \cdots, y_n$ が (3.19) の解，したがって (3.16) の解となることが示された．

問 3.4 (1) α_1, α_2 が x の関数であるときには，

$$(D-\alpha_1)(D-\alpha_2) = D^2 - (\alpha_1 + \alpha_2)D + \alpha_1\alpha_2$$

が成り立たないことを示せ．

(2) Case 3 における $y_1, y_2, \cdots, y_n$ が線形独立であることを示せ．

Case 1, Case 2, Case 3 はすべての場合を尽くすわけではなく，これらが混合した場合も考えられる．その場合については Case 1–3 の結果を組み合わせることで基本解系が得られる．組み合わせ方については容易に想像がつくと思うし，すべてを述べると煩雑になるので，ここでは説明を省き，章末問題にいくつかの例を挙げることとする．

3.3 非同次の線形微分方程式の解法

非同次の線形微分方程式

$$p_0(x)y^{(n)} + p_1(x)y^{(n-1)} + \cdots + p_n(x)y = q(x) \tag{3.20}$$

に対し，右辺を 0 で置き換えた線形同次微分方程式

$$p_0(x)y^{(n)} + p_1(x)y^{(n-1)} + \cdots + p_n(x)y = 0 \tag{3.21}$$

を**付随する同次方程式**とよぶ．非同次方程式 (3.20) を解くには，じつは付随する同次方程式 (3.21) を解けばよい．この節ではその方法を解説する．

まず次の事実が基本的である．

定理 3.5　$y_0(x)$ を非同次方程式 (3.20) の 1 つの特殊解とし，$z(x)$ を付随する同次方程式 (3.21) の一般解とするとき，(3.20) の一般解は

$$y(x) = y_0(x) + z(x) \tag{3.22}$$

で与えられる．

とくに $y_1(x), y_2(x), \cdots, y_n(x)$ を (3.21) の基本解系とすると，(3.20) の一般解は

$$y(x) = y_0(x) + c_1y_1(x) + c_2y_2(x) + \cdots + c_ny_n(x) \qquad (c_1, c_2, \cdots, c_n \text{は任意定数}) \tag{3.23}$$

で与えられる．

証明　(3.22) が (3.20) の解になることはただちに確かめられる．これは n 個の任意定数を含むので，(3.20) の一般解となる．　□

この定理を別の見方をすると，次の主張が得られる．

系　非同次方程式 (3.20) の 2 つの解の差は，付随する同次方程式 (3.21) の解となる．

定理 3.5 により，非同次方程式 (3.20) を解くには，まず付随する同次方程式 (3.21) を解き，それから非同次方程式 (3.20) の解を 1 つだけ求めればよいことがわかる．じつは，付随する同次方程式の一般解がわかると，それを用いて非同次方程式の特殊解を 1 つ手に入れる方法が知られている．その方

法を**定数変化法**という．以下では，方程式の階数 n が 1 および 2 の場合に，定数変化法を紹介しよう．

1 階の場合，考える方程式は

$$p_0(x)y' + p_1(x)y = q(x) \tag{3.24}$$

である．付随する同次方程式は

$$p_0(x)y' + p_1(x)y = 0 \tag{3.25}$$

となる．(3.25) の基本解系 (今は $n = 1$ なので，1 つの 0 でない解) を $y_1(x)$ とすると，(3.25) の一般解は

$$y(x) = c_1 y_1(x) \qquad (c_1 : \text{任意定数})$$

で与えられる．この c_1 は定数であったが，それを x の関数 $c_1(x)$ とすることで，非同次方程式 (3.24) の解を手に入れようというのが定数変化法のアイデアである．つまり (3.24) の解を

$$y(x) = c_1(x)y_1(x) \tag{3.26}$$

の形であると仮定して，関数 $c_1(x)$ を求めようと思う．

(3.26) の両辺を微分すると

$$y' = c_1' y_1 + c_1 y_1'$$

となるので，これと (3.26) を非同次方程式 (3.24) に代入し，$y_1(x)$ が同次方程式 (3.25) の解であることを用いると，

$$\begin{aligned}
p_0(c_1' y_1 + c_1 y_1') + p_1 c_1 y_1 &= q \\
p_0 c_1' y_1 + c_1(p_0 y_1' + p_1 y_1) &= q \\
p_0 c_1' y_1 &= q \\
c_1' &= \frac{q}{p_0 y_1} \\
c_1(x) &= \int \frac{q(x)}{p_0(x) y_1(x)}\, dx
\end{aligned}$$

となって $c_1(x)$ が求められる．これを (3.26) に代入すれば，非同次方程式 (3.24) の解が得られるのである．$c_1(x)$ を与えている不定積分は，次にように定積分と積分定数を用いて書くことができる．

$$c_1(x) = \int_a^x \frac{q(t)}{p_0(t)y_1(t)}\,dt + c \qquad (c : \text{積分定数})$$

この形を (3.26) に代入すると

$$y(x) = y_1(x)\int_a^x \frac{q(t)}{p_0(t)y_1(t)}\,dt + cy_1(x) \tag{3.27}$$

となり，任意定数 c を 1 つ含む解の表示，すなわち (3.24) の一般解が得られた．また (3.27) の右辺第 2 項は同次方程式 (3.25) の一般解なので，この表示は非同次方程式の一般解が非同次方程式の 1 つの特殊解と付随する同次方程式の一般解の和で表されるという定理 3.5 の主張を実現したものにもなっている．

次に 2 階の場合を考えよう．考える方程式は

$$p_0(x)y'' + p_1(x)y' + p_2(x)y = q(x) \tag{3.28}$$

であり，これに付随する同次方程式は

$$p_0(x)y'' + p_1(x)y' + p_2(x)y = 0 \tag{3.29}$$

である．(3.29) の基本解系を $y_1(x), y_2(x)$ とすると，(3.29) の一般解は

$$y(x) = c_1y_1(x) + c_2y_2(x) \qquad (c_1, c_2 : \text{任意定数})$$

で与えられる．この表示において，定数であった c_1, c_2 を関数 $c_1(x), c_2(x)$ で置き換えて，非同次方程式 (3.28) の解を求めよう．つまり

$$y(x) = c_1(x)y_1(x) + c_2(x)y_2(x) \tag{3.30}$$

の形で解を求める．

(3.30) の両辺を微分すると

$$y' = c_1'y_1 + c_2'y_2 + c_1y_1' + c_2y_2'$$

となるが，ここで条件

$$c_1' y_1 + c_2' y_2 = 0 \tag{3.31}$$

を課す．すると

$$\begin{aligned} y' &= c_1 y_1' + c_2 y_2' \\ y'' &= c_1' y_1' + c_2' y_2' + c_1 y_1'' + c_2 y_2'' \end{aligned} \tag{3.32}$$

となる．条件 (3.31) を課したことで，y'' の表示にも c_1 や c_2 の 2 階微分が現れなかった．もし c_1 や c_2 の 2 階微分が現れたら，c_1 や c_2 を求めるのに 2 階の微分方程式を解かなければならなくなり，もとの問題 (3.28) を同じくらい難しい問題に言い換えたに過ぎなくなるところであった．

1 階の場合と同様に (3.32) を非同次方程式 (3.28) に代入し，$y_1(x), y_2(x)$ が同次方程式 (3.29) の解であることを用いると，

$$\begin{aligned} &p_0(c_1' y_1' + c_2' y_2' + c_1 y_1'' + c_2 y_2'') + p_1(c_1 y_1' + c_2 y_2') + p_2(c_1 y_1 + c_2 y_2) \\ &\quad = q \\ &p_0(c_1' y_1' + c_2' y_2') + c_1(p_0 y_1'' + p_1 y_1' + p_2 y_1) + c_2(p_0 y_2'' + p_1 y_2' + p_2 y_2) \\ &\quad = q \\ &p_0(c_1' y_1' + c_2' y_2') \\ &\quad = q \end{aligned}$$

を得る．これと先に課した (3.31) を連立させると，

$$\begin{cases} y_1 c_1' + y_2 c_2' = 0 \\ y_1' c_1' + y_2' c_2' = \dfrac{q}{p_0} \end{cases}$$

となる．これを c_1', c_2' を未知数とする連立 1 次方程式と見る．行列で表すと，

$$\begin{pmatrix} y_1 & y_2 \\ y_1' & y_2' \end{pmatrix} \begin{pmatrix} c_1' \\ c_2' \end{pmatrix} = \begin{pmatrix} 0 \\ \dfrac{q}{p_0} \end{pmatrix} \tag{3.33}$$

となるが，(3.33) の左辺の行列の行列式はロンスキアン $W(y_1, y_2)$ であり，

基本解系 y_1, y_2 に対してはその値は決して 0 にならないのであったから，この連立 1 次方程式は解くことができる．解いた結果を

$$c_1'(x) = r(x), \quad c_2'(x) = s(x)$$

としよう．もちろん $r(x), s(x)$ は $y_1(x), y_2(x), y_1'(x), y_2'(x), p_0(x), q(x)$ を用いて具体的に書けるが，ここでは $r(x), s(x)$ のままで使う．これより，$c_1(x), c_2(x)$ が不定積分により求まるので，非同次方程式の解が (3.30) の形で求められたことになる．あるいは定積分と積分定数で表すなら，

$$c_1(x) = \int_a^x r(t)\,dt + \bar{c}_1, \quad c_2(x) = \int_a^x s(t)\,dt + \bar{c}_2$$

となるので，これを (3.30) に入れて，非同次方程式 (3.28) の一般解

(3.34)

$$y(x) = y_1(x)\int_a^x r(t)\,dt + y_2(x)\int_a^x s(t)\,dt + \bar{c}_1 y_1(x) + \bar{c}_2 y_2(x)$$

$$(\bar{c}_1, \bar{c}_2 : \text{任意定数})$$

が得られる．この場合も，確かに定理 3.5 にある表示 (3.23) の形で一般解が得られた．

問 3.5 (1)　3 階の場合の定数変化法はどのようになるか．

(2)　一般に n 階の場合の定数変化法はどのようにすればよいか考えよ．

3.4　連立微分方程式 (システム)

今までは未知関数が 1 つで，階数 n は任意の 1 本の微分方程式

$$y^{(n)} = F(x, y, y', y'', \cdots, y^{(n-1)}) \tag{3.35}$$

を考えてきた．微分方程式としてはこのようなものだけではなく，未知関数が複数個あり，方程式も何本も連立させたものも考えられる．そのようなものを**連立微分方程式**あるいは**微分方程式系**あるいは**システム**などとよぶ．とくに未知関数が n 個あり，どの未知関数についても 1 階で，方程式の個数も

n であるものが重要である．未知関数を $y_1(x), y_2(x), \cdots, y_n(x)$ とすると，そのようなシステムは

$$\begin{cases} y_1' = F_1(x, y_1, y_2, \cdots, y_n) \\ y_2' = F_2(x, y_1, y_2, \cdots, y_n) \\ \quad \vdots \\ y_n' = F_n(x, y_1, y_2, \cdots, y_n) \end{cases} \tag{3.36}$$

というふうに表される．(3.36) は詳しく言うなら 1 階のシステムということになるが，本書では 2 階以上のシステムは扱わないので，単に**システム**あるいは**連立形**とよぶことにする．それに対して (3.35) の形の微分方程式を，**単独高階**という．

単独高階の微分方程式は，(1 階の) システムに書き換える (変換する) ことができる．単独高階の微分方程式 (3.1) においては未知関数は $y(x)$ であるが，新しい未知関数 $y_1(x), y_2(x), \cdots, y_n(x)$ を次にように定義する．

$$\begin{aligned} &y_1(x) = y(x),\ y_2(x) = y'(x), \\ &y_3(x) = y''(x), \cdots, y_n(x) = y^{(n-1)}(x) \end{aligned} \tag{3.37}$$

するとたとえば

$$y_1'(x) = y'(x) = y_2(x), \qquad y_2'(x) = (y'(x))' = y''(x) = y_3(x)$$

というように $y_1(x), y_2(x), \cdots$ の微分が $y_1(x), y_2(x), \cdots, y_n(x)$ を用いて表され，また (3.35) を用いると

$$\begin{aligned} y_n'(x) = y^{(n)}(x) &= F(x, y(x), y'(x), y''(x), \cdots, y^{(n-1)}(x)) \\ &= F(x, y_1(x), y_2(x), y_3(x), \cdots, y_n(x)) \end{aligned}$$

というように $y_n'(x)$ もやはり $y_1(x), y_2(x), \cdots, y_n(x)$ で表されるので，次のシステムが得られる．

$$
(3.38)\qquad \begin{cases} y_1' = y_2 \\ y_2' = y_3 \\ \quad\vdots \\ y_{n-1}' = y_n \\ y_n' = F(x, y_1, y_2, \cdots, y_n) \end{cases}
$$

(3.35) を解くことと (3.38) を解くことは等価である．実際 (3.35) の解 $y(x)$ が得られたとすると，(3.37) により $y_1(x), y_2(x), \cdots, y_n(x)$ を定義すればそれらは明らかに (3.38) の解となるし，逆に (3.38) の解 $y_1(x), y_2(x), \cdots, y_n(x)$ が得られたら，$y_1(x)$ は (3.35) の解となる．

今の説明では (3.37) により新しい未知関数を定義することで単独高階をシステムに変換したが，単独高階をシステムに変換するための未知関数の定め方は (3.37) に限らない．また逆にシステムを単独高階の微分方程式に変換することもできる．これらのことについてきちんと議論しておくのは大切なことであるが，本書では立ち入らない．

さて，システムへの変換を，線形同次微分方程式の場合に行ってみよう．考える微分方程式を

$$
(3.39)\qquad y^{(n)} + p_1(x)y^{(n-1)} + p_2(x)y^{(n-2)} + \cdots + p_n(x)y = 0
$$

とする．$y^{(n)}$ の係数は 1 となっているが，それが $p_0(x)$ の場合には両辺を $p_0(x)$ で割ると (3.39) の形に持っていけるので，(3.39) は n 階線形同次微分方程式の一般形と考えることができる．これを上に説明した方法でシステムに変換すると，

$$
(3.40)\qquad \begin{cases} y_1' = y_2 \\ y_2' = y_3 \\ \quad\vdots \\ y_{n-1}' = y_n \\ y_n' = -p_1(x)y_n - p_2(x)y_{n-1} - \cdots - p_n(x)y_1 \end{cases}
$$

となるが，(3.40) は行列を用いて書き表すことができる．すなわち

$$
(3.41) \qquad \begin{pmatrix} y_1' \\ y_2' \\ \vdots \\ y_{n-1}' \\ y_n' \end{pmatrix} = \begin{pmatrix} 0 & 1 & 0 & \cdots & 0 \\ 0 & 0 & 1 & \cdots & 0 \\ \vdots & \vdots & & \ddots & \\ 0 & 0 & \cdots & \cdots & 1 \\ -p_n & -p_{n-1} & \cdots & \cdots & -p_1 \end{pmatrix} \begin{pmatrix} y_1 \\ y_2 \\ \vdots \\ y_{n-1} \\ y_n \end{pmatrix}
$$

となる．右辺の行列を $A(x)$ とおき，未知関数 $y_1(x), y_2(x), \cdots, y_n(x)$ を並べたベクトルを $\boldsymbol{y}(x)$ とおこう：

$$
\boldsymbol{y}(x) = \begin{pmatrix} y_1(x) \\ y_2(x) \\ \vdots \\ y_n(x) \end{pmatrix}, \qquad A(x) = \begin{pmatrix} 0 & 1 & 0 & \cdots & 0 \\ 0 & 0 & 1 & \cdots & 0 \\ \vdots & \vdots & & \ddots & \\ 0 & 0 & \cdots & \cdots & 1 \\ -p_n & -p_{n-1} & \cdots & \cdots & -p_1 \end{pmatrix}
$$

すると (3.41) は簡潔に

$$
(3.42) \qquad \boldsymbol{y}' = A(x)\boldsymbol{y}
$$

と表される．一般に関数を成分とする $n \times n$-行列 $A(x)$ に対して，システム (3.42) のことを**線形システム**という．

とくに定数係数の線形同次微分方程式を考えると，システム (3.42) への変換により行列を利用した解法が得られる．線形同次微分方程式 (3.39) において係数 $p_j(x)$ がすべて定数とすると，(3.41) で与えられる行列 $A(x)$ の成分もすべて定数となる．そこで一般に，

$$
A = \begin{pmatrix} a_{11} & a_{12} & \cdots & a_{1n} \\ a_{21} & a_{22} & \cdots & a_{2n} \\ & \cdots & \cdots & \\ a_{n1} & a_{n2} & \cdots & a_{nn} \end{pmatrix}
$$

とおき，a_{ij} はすべて定数として，システム

$$\boldsymbol{y}' = A\boldsymbol{y} \tag{3.43}$$

を考える．

このシステムの解を構成するため，行列の指数関数というものを導入する．

定義　$n \times n$-行列 A に対し，

$$e^A = \sum_{k=0}^{\infty} \frac{A^k}{k!} \tag{3.44}$$

と定める．なお右辺の和において，A^0 は単位行列 I_n とする．

指数関数 e^x においては，変数 x は通常実数あるいは複素数であるが，x に行列を入れたものを考えようということである．実際定義 (3.44) は，e^x の $x=0$ におけるテイラー (Taylor) 展開

$$e^x = \sum_{k=0}^{\infty} \frac{x^k}{k!}$$

において，x を正方行列 A で置き換えたものになっている．(3.44) の右辺の各項はやはり $n \times n$-行列なので，それらの和を考えることはできる．ただし (3.44) の右辺は無限和になっているので，それが収束することを示す必要がある．本書では一般の場合の証明は行わず，A が対角化できる場合に限って収束を証明する．

補題 3.2　$n \times n$-行列 A が，正則行列 P により対角化されるとする：

$$P^{-1}AP = \begin{pmatrix} \alpha_1 & & & \\ & \alpha_2 & & \\ & & \ddots & \\ & & & \alpha_n \end{pmatrix}$$

このとき e^A は収束し，

$$e^A = P \begin{pmatrix} e^{\alpha_1} & & & \\ & e^{\alpha_2} & & \\ & & \ddots & \\ & & & e^{\alpha_n} \end{pmatrix} P^{-1} \tag{3.45}$$

となる.

証明

$$A = P \begin{pmatrix} \alpha_1 & & & \\ & \alpha_2 & & \\ & & \ddots & \\ & & & \alpha_n \end{pmatrix} P^{-1}$$

であるので，これの k 乗を考えると

$$A^k = P \begin{pmatrix} \alpha_1 & & & \\ & \alpha_2 & & \\ & & \ddots & \\ & & & \alpha_n \end{pmatrix}^k P^{-1} = P \begin{pmatrix} {\alpha_1}^k & & & \\ & {\alpha_2}^k & & \\ & & \ddots & \\ & & & {\alpha_n}^k \end{pmatrix} P^{-1}$$

となる．すると

$$\sum_{k=0}^{m} \frac{A^k}{k!} = \sum_{k=0}^{m} \frac{1}{k!} P \begin{pmatrix} {\alpha_1}^k & & & \\ & {\alpha_2}^k & & \\ & & \ddots & \\ & & & {\alpha_n}^k \end{pmatrix} P^{-1}$$

$$= P \begin{pmatrix} \sum_{k=0}^{m} \frac{{\alpha_1}^k}{k!} & & & \\ & \sum_{k=0}^{m} \frac{{\alpha_2}^k}{k!} & & \\ & & \ddots & \\ & & & \sum_{k=0}^{m} \frac{{\alpha_n}^k}{k!} \end{pmatrix} P^{-1}$$

となるが，$m \to \infty$ のとき，右辺の対角成分はそれぞれ $e^{\alpha_1}, e^{\alpha_2}, \cdots, e^{\alpha_n}$ に収束するので補題の主張を得る． □

系

$$\det e^A = e^{\mathrm{tr} A} \tag{3.46}$$

証明　(3.46) における det は行列式，tr はトレース (すなわち対角成分の和) を表している．(3.45) の両辺の行列式をとると，

$$\begin{aligned}
\det e^A &= \det P \cdot \det \begin{pmatrix} e^{\alpha_1} & & & \\ & e^{\alpha_2} & & \\ & & \ddots & \\ & & & e^{\alpha_n} \end{pmatrix} \cdot \det P^{-1} \\
&= \det \begin{pmatrix} e^{\alpha_1} & & & \\ & e^{\alpha_2} & & \\ & & \ddots & \\ & & & e^{\alpha_n} \end{pmatrix} \\
&= e^{\alpha_1} e^{\alpha_2} \cdots e^{\alpha_n} \\
&= e^{\alpha_1 + \alpha_2 + \cdots + \alpha_n} \\
&= e^{\mathrm{tr}(P^{-1}AP)} \\
&= e^{\mathrm{tr} A}
\end{aligned}$$

となり (3.46) を得る．ここで行列のトレースが相似変換で不変なこと，つまり $\mathrm{tr}(P^{-1}AP) = \mathrm{tr} A$ を用いた．なお (3.46) は A が対角化できない場合も成り立つが，ここでは対角化できる場合に限って証明した． □

問 3.6　$A = \begin{pmatrix} 1 & 2 \\ 0 & 3 \end{pmatrix}$ に対して e^A を計算せよ．

さてこの行列の指数関数を用いて，定数係数の線形システム (3.43) の解を構成しよう．

定理 3.6 A を $n \times n$-定数行列とすると，

$$Y(x) = e^{xA} \tag{3.47}$$

の各列は，A を係数とする線形システム (3.43) の解となり，それらは線形独立である．

証明

$$Y(x) = e^{xA} = \sum_{k=0}^{\infty} \frac{(xA)^k}{k!} = \sum_{k=0}^{\infty} \frac{A^k}{k!}\, x^k$$

である．この無限和において項別微分ができるのだが，その証明は省いて認めることにすると，

$$\begin{aligned} Y'(x) &= \sum_{k=0}^{\infty} \frac{A^k}{k!} \cdot kx^{k-1} \\ &= \sum_{k=1}^{\infty} \frac{A^k}{(k-1)!}\, x^{k-1} \\ &= A \sum_{k=1}^{\infty} \frac{A^{k-1}}{(k-1)!}\, x^{k-1} \\ &= A \sum_{k=0}^{\infty} \frac{A^k}{k!}\, x^k \\ &= AY(x) \end{aligned}$$

を得る．これは $Y(x)$ が行列関数として (3.43) の解になっていることを表している．また $Y(x)$ の第 j 列を $\boldsymbol{y}_j(x)$ とおくと，

$$\begin{pmatrix} \boldsymbol{y}_1'(x) & \boldsymbol{y}_2'(x) & \cdots & \boldsymbol{y}_n'(x) \end{pmatrix} = A \begin{pmatrix} \boldsymbol{y}_1(x) & \boldsymbol{y}_2(x) & \cdots & \boldsymbol{y}_n(x) \end{pmatrix}$$

となるので，$Y(x)$ のそれぞれの列が (3.43) の解になっていることがわかる．

$Y(x)$ の列が線形独立になっていることは，$\det Y(x) = e^{\mathrm{tr}(xA)} \neq 0$ から従う． □

定理の $Y(x)$ は，それ自身が解であり，その列が線形独立であったので，**基本解行列**とよばれる．

例 3.4　定数係数2階線形同次微分方程式

$$y'' - (\alpha+\beta)y' + \alpha\beta y = 0 \tag{3.48}$$

をシステムに変換して解いてみよう．

$y_1 = y, y_2 = y'$ とおき，$\boldsymbol{y} = \begin{pmatrix} y_1 \\ y_2 \end{pmatrix}$ とおくと，(3.48) に対応する線形システムは

$$\boldsymbol{y}' = \begin{pmatrix} 0 & 1 \\ -\alpha\beta & \alpha+\beta \end{pmatrix} \boldsymbol{y}$$

となる．$A = \begin{pmatrix} 0 & 1 \\ -\alpha\beta & \alpha+\beta \end{pmatrix}$ を対角化するため，固有値と固有ベクトルを求める．固有値は α, β，それぞれに属する固有ベクトルは $\begin{pmatrix} 1 \\ \alpha \end{pmatrix}, \begin{pmatrix} 1 \\ \beta \end{pmatrix}$ となるので，

$$P = \begin{pmatrix} 1 & 1 \\ \alpha & \beta \end{pmatrix}$$

により

$$P^{-1}AP = \begin{pmatrix} \alpha & \\ & \beta \end{pmatrix}$$

となることがわかる．P^{-1} を計算しておこう．

$$P^{-1} = \frac{1}{\beta-\alpha} \begin{pmatrix} \beta & -1 \\ -\alpha & 1 \end{pmatrix}$$

以上により，基本解行列 $Y(x)$ は

$$
\begin{aligned}
Y(x) &= e^{xA} \\
&= Pe^{x\begin{pmatrix}\alpha & \\ & \beta\end{pmatrix}}P^{-1} \\
&= \begin{pmatrix}1 & 1 \\ \alpha & \beta\end{pmatrix}\begin{pmatrix}e^{\alpha x} & \\ & e^{\beta x}\end{pmatrix}\cdot\frac{1}{\beta-\alpha}\begin{pmatrix}\beta & -1 \\ -\alpha & 1\end{pmatrix} \\
&= \frac{1}{\beta-\alpha}\begin{pmatrix}\beta e^{\alpha x}-\alpha e^{\beta x} & -e^{\alpha x}+e^{\beta x} \\ \alpha\beta e^{\alpha x}-\alpha\beta e^{\beta x} & -\alpha e^{\alpha x}+\beta e^{\beta x}\end{pmatrix}
\end{aligned}
$$

となる．$Y(x)$ の各列の第 1 成分がもとの方程式 (3.48) の解となるので，

$$
\frac{1}{\beta-\alpha}(\beta e^{\alpha x}-\alpha e^{\beta x}),\quad \frac{1}{\beta-\alpha}(-e^{\alpha x}+e^{\beta x})
$$

が (3.14) の基本解系となる．線形結合を取り直すと，$e^{\alpha x}, e^{\beta x}$ も基本解系であることがわかり，(3.48) を直接解いた結果と一致する．

$n \times n$-行列 A が対角化されない場合でも，システム (3.43) の基本解行列を行列の指数関数により与えることができる．その様子を簡単な場合に例で見てみよう．

例 3.5　$A = \begin{pmatrix}2 & 1 \\ 0 & 2\end{pmatrix}$ とすると，A の固有値は 2 のみで，固有値 2 に対する固有空間が 1 次元であることがわかるので，A は対角化できない行列である．

$$
A = 2I_2 + \begin{pmatrix}0 & 1 \\ 0 & 0\end{pmatrix}
$$

と見て A^n を計算すると，$\begin{pmatrix}0 & 1 \\ 0 & 0\end{pmatrix}^k = O\ (k \geq 2)$ が成り立つことより，二

項定理を用いて

$$A^n = 2^n I_2 + 2^{n-1} n \begin{pmatrix} 0 & 1 \\ 0 & 0 \end{pmatrix}$$

が得られる．したがって

$$\begin{aligned} e^{xA} &= \sum_{n=0}^{\infty} \frac{(xA)^n}{n!} \\ &= \sum_{n=0}^{\infty} \frac{(2x)^n}{n!} I_2 + \sum_{n=1}^{\infty} \frac{2^{n-1} x^n}{(n-1)!} \begin{pmatrix} 0 & 1 \\ 0 & 0 \end{pmatrix} \\ &= e^{2x} I_2 + x e^{2x} \begin{pmatrix} 0 & 1 \\ 0 & 0 \end{pmatrix} \\ &= \begin{pmatrix} e^{2x} & x e^{2x} \\ 0 & e^{2x} \end{pmatrix} \end{aligned}$$

が得られる．これがシステム (3.43) の基本解行列であることは，定理 3.6 から従う．なお，この例の行列 A は Jordan 標準形と呼ばれる特別な形をしている．対角化できない行列でも Jordan 標準形には変換することができ，Jordan 標準形の行列の指数関数はこの例と同様の手法によって求めることができる．Jordan 標準形については線形代数の教科書を参照されたい．

問題 3

1. 次の線形微分方程式の基本解系を求めよ．

（1）　$y'' - 2y' - 3y = 0$

（2）　$y'' + 3y' + 2y = 0$

（3）　$y'' - 5y' + 2y = 0$

（4）　$2y'' - 3y' + y = 0$

（5）　$3y'' - y' - y = 0$

（6）　$y'' - y = 0$

(7) $y'' + y = 0$

(8) $y'' + y' + y = 0$

(9) $2y'' - y' + 2y = 0$

(10) $y'' + 2y' + 3y = 0$

(11) $y'' = 0$

(12) $y'' - 2y' + y = 0$

(13) $y'' + 4y' + 4y = 0$

(14) $y'' - 2\sqrt{2}y' + y = 0$

2. **1** の各方程式に対し，初期条件

$$y(0) = 1,\ y'(0) = 2$$

をみたす解を求めよ．

3. **1** の各方程式に対し，境界条件

$$y(0) = -1,\ y(1) = 1$$

をみたす解を求めよ．

4. 次の線形微分方程式の基本解系を求めよ．

(1) $y''' = 0$

(2) $y''' + y'' = 0$

(3) $y''' + 3y'' + y' = 0$

(4) $y''' - 2y'' + 2y - 1 = 0$

(5) $y''' - 4y'' + 5y' - 2y = 0$

(6) $y^{(4)} - 4y'' + 3y = 0$

(7) $y^{(4)} + 4y'' + 4y = 0$

(8) $y^{(4)} + 2y''' + 3y'' + 2y' + y = 0$

5. 次の線形非同次微分方程式の一般解を求めよ．

（1）　$y' - 2y = e^x$

（2）　$y' + 3y = e^{2x}$

（3）　$y' - 2y = x$

（4）　$y' + y = x^2$

（5）　$y' - 5y = 5$

（6）　$y' - xy = x$

（7）　$y' + p(x)y = kp(x)$　　($p(x)$:連続関数, k:定数)

（8）　$y' = |x| + y$

（9）　$y' - \dfrac{1}{3x}y = \sqrt{x}$

(10)　$y'' - 2y' + y = e^x$

(11)　$y'' + 4y = x$

6.（1）　x^α, x^β を解とする 2 階線形同次微分方程式を求めよ．

（2）　$x^\alpha, x^\beta, x^\gamma$ を解とする 3 階線形同次微分方程式を求めよ．

7. 次の行列 A に対して，e^{xA} を求めよ．

（1）　$A = \begin{pmatrix} -2 & 0 \\ 0 & 4 \end{pmatrix}$

（2）　$A = \begin{pmatrix} 2 & 1 \\ 0 & 1 \end{pmatrix}$

（3）　$A = \begin{pmatrix} -9 & 4 \\ -24 & 11 \end{pmatrix}$

（4）　$A = \begin{pmatrix} 17 & -16 \\ 12 & -11 \end{pmatrix}$

（5）　$A = \begin{pmatrix} 1 & 1 \\ 1 & 1 \end{pmatrix}$

(6) $A = \begin{pmatrix} 0 & 1 \\ -1 & 0 \end{pmatrix}$

(7) $A = \begin{pmatrix} 1 & -3 \\ 2 & -1 \end{pmatrix}$

(8) $A = \begin{pmatrix} 0 & -1 \\ 4 & -4 \end{pmatrix}$

(9) $A = \begin{pmatrix} 7 & -4 & -4 \\ 4 & -3 & -5 \\ 4 & -2 & 0 \end{pmatrix}$

(10) $A = \begin{pmatrix} 6 & -3 & -4 \\ 5 & -2 & -4 \\ 5 & -3 & -3 \end{pmatrix}$

8. 定数 λ をパラメーターとする．関数 $y(x)$ が $x \to +\infty$ で有界とは，ある正の数 M が存在して $|y(x)| \leq M$ が $x \to +\infty$ で成り立つことである．

(1) 微分方程式 $y'' + \lambda y' + y = 0$ が $x \to +\infty$ で有界な解を少なくとも 1 つ持つための λ に対する条件を求めよ．

(2) 微分方程式 $y'' + \lambda y' + y = 0$ のすべての解が $x \to +\infty$ で有界であるための λ に対する条件を求めよ．

(3) 微分方程式 $y'' + \lambda y = 0$ のすべての解が $x \to +\infty$ で有界であるための λ に対する条件を求めよ．

(4) 微分方程式 $y'' + \lambda y = 0$ が，$y(0) = y(\pi) = 0$ をみたす $y(x) \equiv 0$ 以外の解を持つための λ に対する条件を求めよ．

9. 微分方程式 $y'' - 2y' + y = 0$ を考える．$a < b$ と α, β を任意に取る．このとき

$$y(a) = \alpha,\ y(b) = \beta$$

をみたす解はただ 1 つであることを示せ．

第 4 章

微分方程式の基礎理論

第 2 章，第 3 章では，微分方程式に慣れるためもあって，具体的に解けるような微分方程式を主に扱ってきた．しかしそのような方程式は例外的なもので，一般には微分方程式の解を具体的に求めることはできない．その場合でも解となる関数がちゃんとあることが保証され，その性質を調べることができれば，非常に役立つであろう．また具体的に解ける微分方程式についても，その一般解がすべての解をもれなく与えているかどうかについて知ることは重要である．

このような問題意識については，類似の例として n 次方程式を考えてみるとわかりやすいかもしれない．実数 (または複素数) を係数とする n 次方程式

$$x^n + a_1 x^{n-1} + a_2 x^{n-2} + \cdots + a_n = 0$$

は，もし左辺が因数分解できて

$$x^n + a_1 x^{n-1} + a_2 x^{n-2} + \cdots + a_n = (x - \alpha_1)(x - \alpha_2) \cdots (x - \alpha_n)$$

と表せたとすると，具体的な解 $\alpha_1, \alpha_2, \cdots, \alpha_n$ が得られる．しかしたとえうまく因数分解できなくても,「解は複素数の範囲に存在し，その個数は重複度も数えるとちょうど n 個である」(代数学の基本定理) ということがわかっているので，解について論ずることができるし，因数分解できているときには $\alpha_1, \alpha_2, \cdots, \alpha_n$ 以外の解はないこともわかる．

この章では，この代数学の基本定理に相当する微分方程式の定理 (解の存

在と一意性) を中心に，微分方程式の理論の基礎となる事柄を解説していこう．なお解の存在と一意性の定理 (定理 4.1) については証明を与えるが，その他の定理については証明を省いた．厳密な証明については [木村]，[齋藤]，[高野] などを参照されたい．

4.1　解の存在と一意性

連立形の微分方程式 (システム)

$$
\begin{cases} y_1' = f_1(x, y_1, y_2, \cdots, y_n) \\ y_2' = f_2(x, y_1, y_2, \cdots, y_n) \\ \quad \cdots \\ y_n' = f_n(x, y_1, y_2, \cdots, y_n) \end{cases} \tag{4.1}
$$

を考えることにする．単独高階の微分方程式

$$
y^{(n)} = F(x, y, y', y'', \cdots, y^{(n-1)})
$$

については，第 3 章 3.4 節で説明したようにシステムに変換することができるので，以下のシステムに対する結果から単独高階の場合の結果を得ることができる (章末問題参照)．

(4.1) をベクトルを用いて表そう．まず未知関数のなすベクトル

$$
\boldsymbol{y} = \begin{pmatrix} y_1 \\ y_2 \\ \vdots \\ y_n \end{pmatrix}
$$

を導入し，

$$
f_j(x, y_1, y_2, \cdots, y_n) = f_j(x, \boldsymbol{y}) \qquad (1 \leq j \leq n)
$$

と書くことにする．そして

$$\boldsymbol{f}(x, \boldsymbol{y}) = \begin{pmatrix} f_1 x, \boldsymbol{y}) \\ f_2(x, \boldsymbol{y}) \\ \vdots \\ f_n(x, \boldsymbol{y}) \end{pmatrix}$$

とおくと，(4.1) は

$$\boldsymbol{y}' = \boldsymbol{f}(x, \boldsymbol{y}) \tag{4.2}$$

と表される．

$f_1, f_2, \cdots, f_n$ の共通の定義域を Ω とする．各 f_j は $(x, y_1, y_2, \cdots, y_n)$ を変数とする $(n+1)$-変数関数なので，Ω は $(n+1)$-次元空間 $\boldsymbol{R}^{n+1}$ に含まれる開集合である．実数 $a, b_1, b_2, \cdots, b_n$ を $(a, b_1, b_2, \cdots, b_n) \in \Omega$ となるように選ぶ．

$$\boldsymbol{b} = \begin{pmatrix} b_1 \\ b_2 \\ \vdots \\ b_n \end{pmatrix}$$

とおこう．このとき，初期条件

$$\boldsymbol{y}(a) = \boldsymbol{b} \tag{4.3}$$

をみたすような微分方程式 (4.2) の解について，その存在，一意性などを考えることにする．念のため条件 (4.3) を成分毎に書いておくと，

$$y_1(a) = b_1,\ y_2(a) = b_2, \cdots,\ y_n(a) = b_n$$

となる．

初期条件 (4.3) をみたす (4.2) の解の性質を考察するときには，点 $(a, \boldsymbol{b}) = (a, b_1, b_2, \cdots, b_n)$ のまわりのどのくらいの範囲が定義域 Ω に含まれるかが重要な情報となる．そこで $r > 0$, $\rho > 0$ をうまく選び，

$$\Delta = \{(x, y_1, y_2, \cdots, y_n) \mid \ |x-a| \le r,\ |y_1 - b_1| \le \rho, \quad (4.4)$$
$$|y_2 - b_2| \le \rho, \cdots, |y_n - b_n| \le \rho\}$$

とおくときに，$\Delta \subset \Omega$ となっているとしよう．

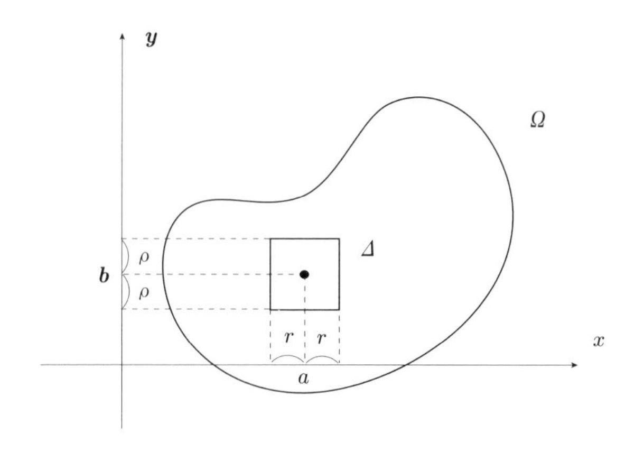

図 4.1

$\boldsymbol{f}(x, \boldsymbol{y})$ が Δ で**リプシッツ (Lipschitz) 条件**をみたすということを，次のように定義する．Δ の 2 点 $(x, y_1, y_2, \cdots, y_n)$, $(x, \bar{y}_1, \bar{y}_2, \cdots, \bar{y}_n)$ を x 座標が共通となるように任意にとるとき，$j = 1, 2, \cdots, n$ に対して

$$|f_j(x, y_1, y_2, \cdots, y_n) - f_j(x, \bar{y}_1, \bar{y}_2, \cdots, \bar{y}_n)| \quad (4.5)$$
$$\le L \sum_{k=1}^{n} |y_k - \bar{y}_k|$$

という不等式を成立させるような定数 L が 2 点の選び方に依らずにとれること．

この定義の意味を正確に把握するのは難しいかもしれないが，応用上は次の補題を知っていればだいたい十分であろう．

補題 4.1 $f_1, f_2, \cdots, f_n$ が Δ 上で C^1 級ならば，$\boldsymbol{f}$ は Δ でリプシッツ条件をみたす．

証明　C^1 級というのは，各変数について偏微分可能で，そのすべての 1 階偏導関数が連続であることであった．

f_j について考える．1 変数関数 $\varphi(t)$ を

$$\varphi(t) = f_j(x, ty_1 + (1-t)\bar{y}_1, ty_2 + (1-t)\bar{y}_2, \cdots, ty_n + (1-t)\bar{y}_n)$$

により定める．

$$z(t) = (ty_1 + (1-t)\bar{y}_1, ty_2 + (1-t)\bar{y}_2, \cdots, ty_n + (1-t)\bar{y}_n)$$

とおこう．$0 \leq t \leq 1$ の範囲で $(t, z(t)) \in \Delta$ となるので $\varphi(t)$ は確かに定義され，f_j が Δ で C^1 級ということから $\varphi(t)$ も $[0,1]$ 上で C^1 級となる．$\varphi(t)$ の微分を計算しておこう．

$$\begin{aligned}\varphi'(t) &= \sum_{k=1}^{n} \frac{\partial f_j}{\partial y_k}(x, z(t)) \cdot \frac{d}{dt}((ty_k + (1-t)\bar{y}_k) \\ &= \sum_{k=1}^{n} \frac{\partial f_j}{\partial y_k}(x, z(t)) \cdot (y_k - \bar{y}_k)\end{aligned}$$

さて平均値の定理を $\varphi(t)$ に適用すると，

$$\begin{aligned}f_j(x, y_1, y_2, \cdots, y_n) - f_j(x, \bar{y}_1, \bar{y}_2, \cdots, \bar{y}_n) &= \varphi(1) - \varphi(0) \\ &= \frac{\varphi(1) - \varphi(0)}{1 - 0} \\ &= \varphi'(t_0)\end{aligned}$$

となる t_0 が $(0,1)$ 内に存在する．これより

$$\begin{aligned}&|f_j(x, y_1, y_2, \cdots, y_n) - f_j(x, \bar{y}_1, \bar{y}_2, \cdots, \bar{y}_n)| \\ &\quad = |\varphi'(t_0)| \\ &\quad = \left| \sum_{k=1}^{n} \frac{\partial f_j}{\partial y_k}(x, z(t_0)) \cdot (y_k - \bar{y}_k) \right| \\ &\quad \leq \sum_{k=1}^{n} \left| \frac{\partial f_j}{\partial y_k}(x, z(t_0)) \right| \cdot |y_k - \bar{y}_k|\end{aligned}$$

を得る．各 j, k について $\dfrac{\partial f_j}{\partial y_k}$ は連続なので，Δ 上で最大値をとる．よって

$$\left|\frac{\partial f_j}{\partial y_k}(x, z(t_0))\right| \leq L \quad (j, k = 1, 2, \cdots, n,\ (x, y_1, y_2, \cdots, y_n) \in \Delta)$$

となる定数 L がとれるので,

$$\sum_{k=1}^{n}\left|\frac{\partial f_j}{\partial y_k}(x, z(t_0))\right| \cdot |y_k - \bar{y}_k| \leq L \sum_{k=1}^{n} |y_k - \bar{y}_k|$$

となり, この L によって (4.5) が成立することが分かる. □

さて, いよいよこの節の主定理を述べる.

定理 4.1 $\boldsymbol{f}(x, \boldsymbol{y})$ は Δ で連続でリプシッツ条件をみたすとする. 連続性より

$$|f_j(x, y_1, y_2, \cdots, y_n)| \leq M$$

$$(j = 1, 2, \cdots, n,\ (x, y_1, y_2, \cdots, y_n) \in \Delta)$$

となる定数 M をとることができる.

このとき, 初期条件を課した微分方程式

$$\text{(4.6)} \qquad \begin{cases} \boldsymbol{y}' = \boldsymbol{f}(x, \boldsymbol{y}) \\ \boldsymbol{y}(a) = \boldsymbol{b} \end{cases}$$

の解 $\boldsymbol{y}(x)$ で

$$\text{(4.7)} \qquad |x - a| \leq c, \qquad c = \min\left(r, \frac{\rho}{M}\right)$$

の範囲で定義されるものが存在し, それは唯 1 つに限る.

この定理の証明は数学的に重要なので以下で行うが, 証明自体は応用上直接必要となるものではないので, 適宜読み飛ばしていただいて構わない.

証明のために, いくつかの準備をする.

まず定理の主張を見ると, 結論は解となる関数が存在すること (そしてそれが唯 1 つに限ること) となっていて, その関数が具体的に求められるわけではない. そういうケースは数学 (特に解析学) ではよく現れ, 標準的な論法

が整備されているのでまずそれを紹介しよう．それぞれの証明については本書では扱わない．[高木]，[小平]，[溝畑] などを参照されたい．

A)　数列の収束に関するコーシー (Cauchy) の判定法

数列 $\{a_n\}$ が収束するとは，ある実数 α があって，

$$|a_n - \alpha| \to 0 \quad (n \to \infty)$$

となることであった．このとき α を $\{a_n\}$ の極限とよび，

$$\lim_{n\to\infty} a_n = \alpha$$

と書く．この定義では極限 α を知らないと収束が判定できないので不便である．そこで数列 $\{a_n\}$ だけを使って収束を判定する方法として，次が考案された．

補題 4.2　数列 $\{a_n\}$ が収束する必要十分条件は，

$$|a_m - a_n| \to 0 \quad (m, n \to \infty)$$

である．

これをコーシーの判定法とよぶ．

B)　関数列の収束　その 1 (各点収束)

区間 I で定義された関数 $f_n(x)$ $(n = 1, 2, 3, \cdots)$ からなる関数列 $\{f_n(x)\}$ を考える．$x_0 \in I$ を 1 つ固定する毎に $f_n(x_0)$ はある実数となるので，この関数列から数列 $\{f_n(x_0)\}$ が得られる．すべての $x_0 \in I$ について数列 $\{f_n(x_0)\}$ が収束するとき，関数列 $\{f_n(x)\}$ は I 上**各点収束**するという．このとき数列 $\{f_n(x_0)\}$ の極限を $f(x_0)$ とおくことで，I 上定義された関数 $f(x)$ が得られる．この $f(x)$ を $\{f_n(x)\}$ の極限とよぶ．

C)　関数列の収束　その 2 (一様収束)

同じく，区間 I 上定義された関数列 $\{f_n(x)\}$ を考える．$\{f_n(x)\}$ が I 上**一様収束**するとは，I 上定義された関数 $f(x)$ と，0 に収束する正数列 $\{c_n\}$ があって，

$$|f_n(x) - f(x)| \leq c_n \qquad (\text{すべての } x \in I \text{ について})$$

が成り立つことをいう．$f(x)$ を $\{f_n(x)\}$ の極限とよぶ．

各点収束と一様収束の関係を考えると，一様収束するならば各点収束することが容易にわかる．しかしこの逆は成り立たない．

各点収束は実質的には数列の収束であったのに比べ，一様収束は関数的な収束になっている．そのため各 $f_n(x)$ の関数としてのいろいろな性質が，極限 $f(x)$ へも遺伝する．特に次が成り立つ．

補題 4.3 (i)　すべての n について $f_n(x)$ が I 上連続で，$\{f_n(x)\}$ が I 上 $f(x)$ に一様収束するならば，$f(x)$ も I 上連続である．

(ii)　すべての n について $f_n(x)$ が I 上連続で，$\{f_n(x)\}$ が I 上 $f(x)$ に一様収束するならば，$a \in I$ に対して $\displaystyle\int_a^x f_n(t)\,dt$ は I 上一様に $\displaystyle\int_a^x f(t)\,dt$ に収束する．

(iii)　すべての n について $f_n(x)$ が I 上微分可能で，$\{f_n(x)\}$ が $f(x)$ に各点収束し，さらに $\{f_n'(x)\}$ が $g(x)$ に I 上一様収束するならば，$f(x)$ は微分可能で $f'(x) = g(x)$ となる．

D)　関数列の一様収束に関するコーシーの判定法

数列の場合と同様に，極限を用いることなく関数列の一様収束を判定する方法がある．

補題 4.4　関数列 $\{f_n(x)\}$ が I 上一様収束するための必要十分条件は，0 に収束する正数列 $\{c_n\}$ があって，$k, l \geq n$ ならば

$$|f_k(x) - f_l(x)| \leq c_n \qquad (\text{すべての } x \in I \text{ について})$$

が成り立つことである．

以上が極限の存在を示すための準備である．次にベクトルの大きさを測る 1 つの方法を導入する．

ベクトル

$$\boldsymbol{v} = \begin{pmatrix} v_1 \\ v_2 \\ \vdots \\ v_n \end{pmatrix}$$

に対して，

$$|\boldsymbol{v}| = \max\{|v_1|, |v_2|, \cdots, |v_n|\}$$

と定める．ベクトルの大きさを測るときによく用いられるのはベクトルの長さ

$$||\boldsymbol{v}|| = \sqrt{{v_1}^2 + {v_2}^2 + \cdots + {v_n}^2}$$

であるが，場面によっては今定義した $|\boldsymbol{v}|$ の方が使いやすいときもある．$|\boldsymbol{v}|$ もベクトルの長さ $||\boldsymbol{v}||$ とよく似た性質を持っていて，次が成り立つ．

補題 4.5　(i)　$|\boldsymbol{v} + \boldsymbol{w}| \leq |\boldsymbol{v}| + |\boldsymbol{w}|$

(ii)　$|c\boldsymbol{v}| = |c| \cdot |\boldsymbol{v}| \qquad (c \in \boldsymbol{R})$

(iii)　$|\boldsymbol{v}| = 0 \iff \boldsymbol{v} = \boldsymbol{0}$

問 4.1　これらを証明せよ．

このベクトルの大きさを用いると，(4.4) で与えた Δ は次のように簡潔に表されることに注意しておく．

$$\Delta = \{(x, \boldsymbol{y}) \mid \ |x - a| \leq r, \ |\boldsymbol{y} - \boldsymbol{b}| \leq \rho\}$$

またリプシッツ条件 (4.5) からは，ベクトルの大きさを用いて表された不等式

$$|\boldsymbol{f}(x, \boldsymbol{y}) - \boldsymbol{f}(x, \bar{\boldsymbol{y}})| \leq nL|\boldsymbol{y} - \bar{\boldsymbol{y}}| \tag{4.8}$$

が得られる．この不等式が以下の証明ではリプシッツ条件の代わりに用いられる．

問 4.2　(4.8) を証明せよ．

定理 4.1 の証明　求める解 $\boldsymbol{y}(x)$ に一様収束していくような (ベクトル値) 関数列 $\{\boldsymbol{y}_k(x)\}$ を構成するという方針で証明する．$\{\boldsymbol{y}_k(x)\}$ の作り方としては，逐次近似法とよばれる方法を採用する．

まず (4.6) は 1 本の積分方程式

$$\boldsymbol{y}(x) = \boldsymbol{b} + \int_a^x \boldsymbol{f}(t, \boldsymbol{y}(t))\, dt \tag{4.9}$$

に同値であることに注意する．ただし (4.9) は

$$y_j(x) = b_j + \int_a^x f_j(t, y_1(t), y_2(t), \cdots, y_n(t))\, dt$$

をまとめて表したものである．(4.9) の両辺を微分すれば (4.6) の微分方程式が得られ，両辺に $x = a$ を代入すれば (4.6) の初期条件が得られる．

そこでこの積分方程式の解を構成することを目指す．関数列 $\{\boldsymbol{y}_k(x)\}$ を次のように帰納的に定めよう．

$$\begin{aligned} &\boldsymbol{y}_0(x) = \boldsymbol{b} \\ &\boldsymbol{y}_k(x) = \boldsymbol{b} + \int_a^x \boldsymbol{f}(t, \boldsymbol{y}_{k-1}(t))\, dt \qquad (k = 1, 2, 3, \cdots) \end{aligned} \tag{4.10}$$

この式で $\boldsymbol{y}_k(x)$ が定義されるためには，$(t, \boldsymbol{y}_{k-1}(t))$ が $\boldsymbol{f}$ の定義域に入っていなければならない．以下では $x \geq a$ を仮定しよう．$x \leq a$ の場合も同様にできる．$(t, \boldsymbol{y}_{k-1}(t))$ が $\boldsymbol{f}$ の定義域に入ることをいうには，c を (4.7) で与えられた数とするとき，

$$|\boldsymbol{y}_{k-1}(x) - \boldsymbol{b}| \leq \rho \qquad (a \leq x \leq a + c) \tag{4.11}$$

が成り立つことをいえばよい．$k = 1$ のときは明らか．(4.11) を仮定する．$a \leq x \leq a + c$ とすると，積分区間 $[a, x]$ においては $a \leq t \leq x\ (\leq a + c)$ となるので，

$$|t - a| \leq c \leq r, \quad |\boldsymbol{y}_{k-1}(x) - \boldsymbol{b}| \leq \rho$$

により $(t, \boldsymbol{y}_{k-1}(t)) \in \varDelta$ がわかる．このとき (4.10) により $\boldsymbol{y}_k(x)$ を定義す

ることができる．さらに $|\boldsymbol{f}|$ の最大値が M でおさえられていたので，

$$\begin{aligned}|\boldsymbol{y}_k(x)-\boldsymbol{b}| &\leq \int_a^x |\boldsymbol{f}(t,\boldsymbol{y}_{k-1}(t))|\,dt \\ &\leq M\cdot(x-a) \leq Mc \leq \rho\end{aligned}$$

となり，数学的帰納法により (4.11) がすべての k について成り立つことが示された．

ではこうして定義される $\{\boldsymbol{y}_k(x)\}$ が，$[a,a+c]$ 上一様収束することを示そう．そのため補助的に，

$$\begin{aligned}&\boldsymbol{z}_0 = \boldsymbol{y}_0 \\ &\boldsymbol{z}_k(x) = \boldsymbol{y}_k(x) - \boldsymbol{y}_{k-1}(x) \qquad (k=1,2,3,\cdots)\end{aligned} \tag{4.12}$$

により定められる関数列 $\{\boldsymbol{z}_k(x)\}$ を考え，これに対して

(4.13)
$$|\boldsymbol{z}_k(x)| \leq M\frac{(nL)^{k-1}}{k!}(x-a)^k \qquad (a\leq x\leq a+c,\ k=1,2,3,\cdots)$$

が成り立つことを示す．$k=1$ のときは，

$$\begin{aligned}|\boldsymbol{z}_1(x)| &= |\boldsymbol{y}_1(x)-\boldsymbol{y}_0(x)| \\ &= \left|\int_a^x \boldsymbol{f}(t,\boldsymbol{b})\,dt\right| \\ &\leq \int_a^x M\,dt \\ &= M(x-a)\end{aligned}$$

なので成り立っている．(4.13) が成り立つと仮定する．(4.13) のほか，$\boldsymbol{z}_k(x)$ の定義 (4.12) やリプシッツ条件から得られる不等式 (4.8) を用いると，

$$\begin{aligned}|\boldsymbol{z}_{k+1}(x)| &= |\boldsymbol{y}_{k+1}(x)-\boldsymbol{y}_k(x)| \\ &= \left|\int_a^x \bigl(\boldsymbol{f}(t,\boldsymbol{y}_k(t))-\boldsymbol{f}(t,\boldsymbol{y}_{k-1}(t))\bigr)dt\right| \\ &\leq \int_a^x |\boldsymbol{f}(t,\boldsymbol{y}_k(t))-\boldsymbol{f}(t,\boldsymbol{y}_{k-1}(t))|\,dt\end{aligned}$$

$$\begin{aligned}
&\leq nL\int_a^x |\boldsymbol{y}_k(t)-\boldsymbol{y}_{k-1}(t)|\,dt\\
&= nL\int_a^x |\boldsymbol{z}_k(t)|\,dt\\
&\leq nL\int_a^x M\cdot\frac{(nL)^{k-1}}{k!}(t-a)^k\,dt\\
&= nLM\cdot\frac{(nL)^{k-1}}{k!}\cdot\frac{1}{k+1}(x-a)^{k+1}\\
&= M\cdot\frac{(nL)^k}{(k+1)!}(x-a)^{k+1}
\end{aligned}$$

となるので，$k+1$ に対する (4.13) の主張が示された．よって数学的帰納法により，すべての k について (4.13) が成り立つことがわかった．

(4.13) を用いると，コーシーの判定法により関数列 $\{\boldsymbol{y}_k(x)\}$ が $[a,a+c]$ 上一様収束することを示すことができる．$k<l$ に対して，

$$\begin{aligned}
\boldsymbol{y}_l(x)-\boldsymbol{y}_k(x) &= (\boldsymbol{y}_l(x)-\boldsymbol{y}_{l-1}(x))+(\boldsymbol{y}_{l-1}(x)-\boldsymbol{y}_{l-2}(x))+\cdots\\
&\quad+(\boldsymbol{y}_{k+1}(x)-\boldsymbol{y}_k(x))\\
&= \sum_{m=k+1}^{l}\boldsymbol{z}_m(x)
\end{aligned}$$

と表せるので，$a\leq x\leq a+c$ とするとき，(4.13) により

$$\begin{aligned}
|\boldsymbol{y}_l(x)-\boldsymbol{y}_k(x)| &\leq \sum_{m=k+1}^{l}|\boldsymbol{z}_m(x)|\\
&\leq \sum_{m=k+1}^{l} M\cdot\frac{(nL)^{m-1}}{m!}c^m\\
&= \frac{M}{nL}\sum_{m=k+1}^{l}\frac{(nLc)^m}{m!}
\end{aligned}$$

が成り立つことがわかる．さてここで正の項からなる級数 $\displaystyle\sum_{m=0}^{\infty}\frac{(nLc)^m}{m!}$ は収束する (極限は e^{nLc}) ので，

$$C_N=\sum_{m=N}^{\infty}\frac{(nLc)^m}{m!}$$

とおくとき，正数列 $\{C_N\}$ は単調減少して 0 に収束する．すると $N \leq k < l$ に対して

$$|\boldsymbol{y}_l(x) - \boldsymbol{y}_k(x)| \leq C_k \leq C_N$$

となるので，コーシーの判定法により関数列 $\{\boldsymbol{y}_k(x)\}$ が $[a, a+c]$ 上一様収束することが示された．

関数列 $\{\boldsymbol{y}_k(x)\}$ の極限を $\boldsymbol{y}(x)$ とする．リプシッツ条件から得られる不等式 (4.8) より

$$|\boldsymbol{f}(t, \boldsymbol{y}_{k-1}(t)) - \boldsymbol{f}(t, \boldsymbol{y}(t))| \leq nL|\boldsymbol{y}_{k-1}(t) - \boldsymbol{y}(t)|$$

となるので，$\{\boldsymbol{f}(t, \boldsymbol{y}_{k-1}(t))\}$ は $\boldsymbol{f}(t, \boldsymbol{y}(t))$ にやはり一様収束する．すると補題 4.3 (ii) により，$\displaystyle\int_a^x \boldsymbol{f}(t, \boldsymbol{y}_{k-1}(t))\,dt$ は $\displaystyle\int_a^x \boldsymbol{f}(t, \boldsymbol{y}(t))\,dt$ に一様収束する．よって (4.10) の両辺はそれぞれ (4.9) の両辺へ (一様) 収束するので，$\boldsymbol{y}(x)$ が (4.9) の解，したがって (4.6) の解となることが示された．

最後に解の一意性を示そう．2 つの解 $\boldsymbol{y}(x), \tilde{\boldsymbol{y}}(x)$ があったとする．

$$\boldsymbol{z}(x) = \boldsymbol{y}(x) - \tilde{\boldsymbol{y}}(x)$$

とおくと，先の $\boldsymbol{z}_k(x)$ に対する計算と同様に

$$|\boldsymbol{z}(x)| \leq nL \int_a^x |\boldsymbol{z}(t)|\,dt$$

が成り立つ．ここで

$$|\boldsymbol{z}(x)| = u(x)$$

とおくと，

$$0 \leq u(x) \leq nL \int_a^x u(t)\,dt$$

ということになる．さらに

$$v(x) = \int_a^x u(t)\,dt$$

とおくと，この不等式は

$$0 \leq v'(x) \leq nLv(x)$$

と表される．さてここで技巧的であるが，$e^{-nLx}v(x)$ という関数を考える．これを微分すると

$$\begin{aligned}(e^{-nLx}v(x))' &= -nLe^{-nLx}v(x) + e^{-nLx}v'(x)\\ &= e^{-nLx}(v'(x) - nLv(x)) \leq 0\end{aligned}$$

となるので，$e^{-nLx}v(x)$ は単調減少である．そして $v(a) = 0$ なので，$x \geq a$ においては $v(x) \leq 0$ ということになる．しかし一方 $v(x) \geq 0$ であったので，$v(x)$ は $x \geq a$ において恒等的に 0 である．連続関数 $u(t)$ は $[a, x]$ 上負にならないので，$[a, x]$ 上の積分結果である $v(x)$ が 0 であることから

$$u(t) \equiv 0$$

が導かれる．これより

$$\boldsymbol{z}(x) \equiv 0$$

を得るので，$\boldsymbol{y}(x) \equiv \tilde{\boldsymbol{y}}(x)$ が示された．すなわち解は唯 1 つに限る．

以上では $x \geq a$ の場合に考えてきたが，$x \leq a$ の場合も同様である． □

定理 4.1 は連立形の微分方程式 (システム) について述べているが，単独高階の微分方程式はシステムに変換できるので，単独高階の微分方程式についても同様の定理が成り立つ．それについての詳しい記述は章末問題に譲り，初期条件 (4.3) に対応する条件がどうなるかだけ見ておこう．(3.37) のようにして単独高階微分方程式をシステムに変換した場合には，初期条件 (4.3) は

$$y(a) = b_1,\ y'(a) = b_2,\ y''(a) = b_3, \cdots,\ y^{(n-1)}(a) = b_n \tag{4.14}$$

となる．

4.2 解の延長 (接続)

定理 4.1 では解が $|x - a| \leq c$ の範囲で定義されることはわかったが，この定義域を広げることはできるだろうか．それについての基本的な考え方を

説明しよう．

定理 4.1 により得られた解を $\boldsymbol{y}_0(x)$ とおく．その定義域は区間 $[a-c, a+c]$ であった．区間 $(a, a+c)$ 内に 1 点 a_1 をとり，$\boldsymbol{b}_1 = \boldsymbol{y}_0(a_1)$ とおく．$(a_1, \boldsymbol{b}_1)$ を中心とする長方形領域 $\Delta_1 \subset \Omega$ を考え，$\boldsymbol{f}$ が Δ_1 で連続でリプシッツ条件をみたすとする．このとき初期条件

$$\boldsymbol{y}(a_1) = \boldsymbol{b}_1 \tag{4.15}$$

のもとで微分方程式 (4.2) を考えると，定理 4.1 により，ある $c_1 > 0$ があって，$|x - a_1| \leq c_1$ の範囲で定義される解が唯 1 つ存在する．その解を $\boldsymbol{y}_1(x)$ とおこう．$\boldsymbol{y}_0(x)$, $\boldsymbol{y}_1(x)$ はともに微分方程式 (4.2) の解で，それぞれ区間 $[a-c, a+c]$, $[a_1 - c_1, a_1 + c_1]$ で定義されている．この 2 つの区間の共通部分では両方の解が定義され，また $x = a_1$ において同じ初期条件 (4.15) をみたしているので，解の一意性により $\boldsymbol{y}_0(x)$ と $\boldsymbol{y}_1(x)$ は一致しなくてはならない．

$$\boldsymbol{y}_0(x) = \boldsymbol{y}_1(x) \qquad (x \in [a-c, a+c] \cap [a_1 - c_1, a_1 + c_1]) \tag{4.16}$$

そこで関数 $\boldsymbol{y}(x)$ を

$$\boldsymbol{y}(x) = \begin{cases} \boldsymbol{y}_0(x) & (x \in [a-c, a+c]) \\ \boldsymbol{y}_1(x) & (x \in [a_1 - c_1, a_1 + c_1]) \end{cases}$$

により定めると，(4.16) のおかげでこの関数は 2 つの区間の合併 $[a-c, a+c] \cup [a_1 - c_1, a_1 + c_1]$ で定義された解となる．ここで仮に $a_1 + c_1 > a + c$ となったすると，$\boldsymbol{y}(x)$ の定義域は $[a-c, a_1 + c_1]$ となり，この解は初めの解 $\boldsymbol{y}_0(x)$ の定義域 $[a-c, a+c]$ を右側に広げたものになっている．

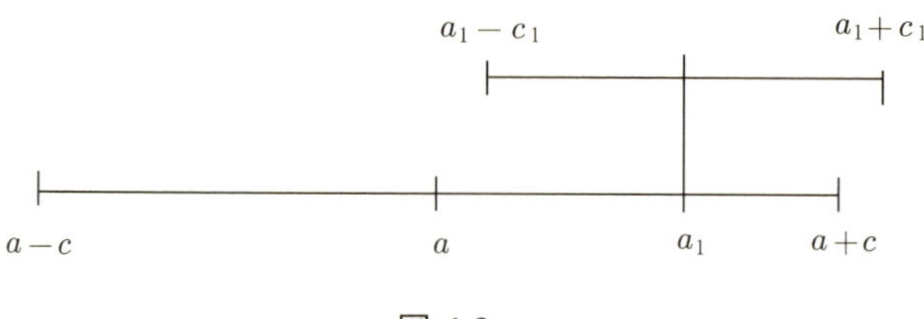

図 4.2

この $\boldsymbol{y}(x)$ を $\boldsymbol{y}_0(x)$ の**延長** (または**接続**) といい，このようにして解の定義域を広げることを延長する，あるいは接続するという．今の説明では解を右側に延長したが，左側に延長する場合も同様である．

このように解の一意性を用いて，解の定義域を広げられる可能性がある．では一体どこまで定義域を広げることができるのだろうか．それについては次のような明快な事実が知られている．

定理 4.2 $\boldsymbol{f}(x, \boldsymbol{y})$ は Ω で連続でリプシッツ条件をみたすとする．Ω の任意の点 $(a, \boldsymbol{b})$ をとると，初期条件 (4.3) をみたす微分方程式 (4.2) の解は，そのグラフが Ω の境界に達するまで左右に延長することができる．

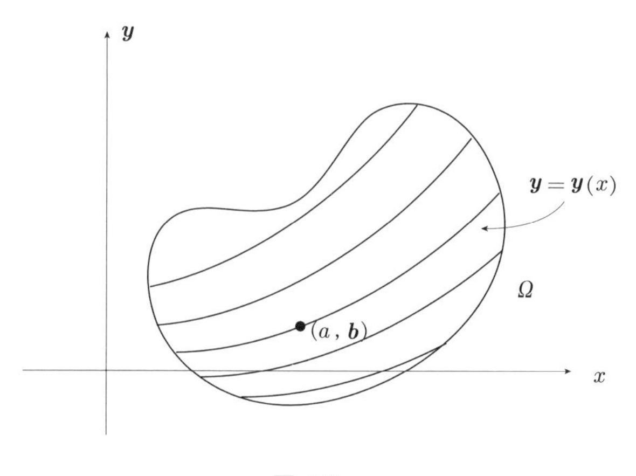

図 4.3

この定理の証明については，[齋藤，第 1 章] などを参照されたい．

例 4.1 微分方程式

$$y' = \frac{x}{y} \tag{4.17}$$

を考える．右辺が定義される領域は

$$\Omega = \{(x, y) \mid y \neq 0\}$$

であり，その境界は xy-平面内の直線 $y=0$ で与えられる．この微分方程式の解がどこまで延長できるかということと Ω との関係を見てみよう．求積法により，(4.17) の一般解は

$$y(x) = \pm\sqrt{x^2+c} \qquad (c: \text{任意定数})$$

で与えられることがわかる．そこで例えば Ω の点 $(2,3)$ に対応する初期条件

$$y(2) = 3$$

を課すと，$c=5$ となるので解

$$y(x) = \sqrt{x^2+5}$$

が定まる．この解は実数全体 $\boldsymbol{R}$ で定義されるが，確かにあらゆる x の値に対して $y \neq 0$ が成り立つので，解をどこまで延長しても Ω の境界には達せず，そのためどこまでも延長できることになっている．一方 Ω の点 $(2,1)$ に対応する初期条件

$$y(2) = 1$$

を課した場合は，$c=-3$ となるので解

$$y(x) = \sqrt{x^2-3}$$

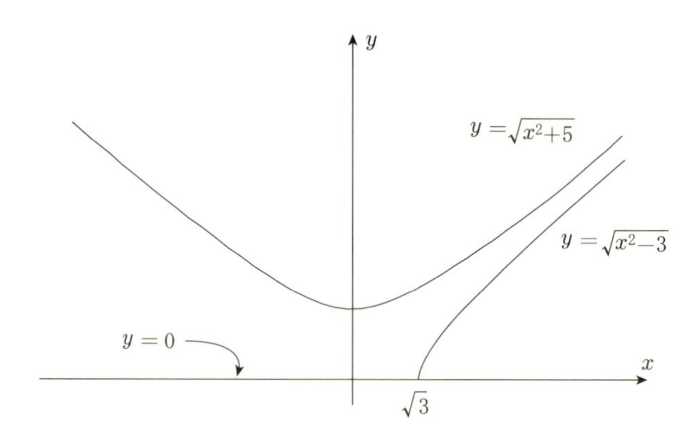

図 4.4

が定まる．この解の定義域は $x \geq \sqrt{3}$ である．これは $x \to \sqrt{3}$ としたとき $y(x) \to 0$ となり，$(x, y(x))$ が Ω の境界に近づくためそれ以上は延長できない，ということの現れである (図 4.4).

線形微分方程式の場合には，定理 4.2 よりもっと詳しいことがわかる．システムではなく単独高階の形で述べることにしよう．

定理 4.3　線形微分方程式

$$y^{(n)} + p_1(x)y^{(n-1)} + p_2(x)y^{(n-2)} + \cdots + p_n(x)y = q(x) \tag{4.18}$$

において，係数 $p_1(x), p_2(x), \cdots, p_n(x), q(x)$ が区間 I で連続ならば，$a \in I$ において初期値を与えて定まる解は I 全体に延長することができる．

この結果は線形微分方程式の著しい特徴であり，基本的で重要なものである．証明は本書では扱わない．例えば [齋藤，第 2 章 定理 6.1] 参照.

4.3　初期値に関する依存性

定理 4.1 の状況に戻ると，微分方程式 (4.2) の解は初期条件 (4.3) により一意的に定まるので，初期条件を与えるデータ $(a, b_1, b_2, \cdots, b_n)$ に依存する関数と考えることができる．その意味で (4.6)(すなわち (4.2) および (4.3)) の解を

$$\boldsymbol{y}(x; a, b_1, b_2, \cdots, b_n)$$

と表すことができよう．この関数が初期値 $(b_1, b_2, \cdots, b_n)$ にどのように依存するかについては，次の定理が知られている．

r を自然数とするとき，多変数関数が C^r 級であるとは，それがあらゆる変数について r 階まで偏微分可能で，その r 階偏導関数がすべて連続であることをいう．

定理 4.4　$\boldsymbol{f}(x,\boldsymbol{y})$ は Ω で C^r 級であるとする．このとき (4.6) の解 $\boldsymbol{y}(x;a,b_1,b_2,\cdots,b_n)$ は，$(x,a,b_1,b_2,\cdots,b_n)$ について連続で，また $(b_1,b_2,\cdots,b_n)$ について C^r 級となる．

これも微分方程式における基本的な事実である．この定理の証明も本書では行わない．

例 4.2　微分方程式

$$y''+y=0 \tag{4.19}$$

を考える．この方程式をシステムに変換すると，

$$\begin{pmatrix} y_1 \\ y_2 \end{pmatrix}' = \begin{pmatrix} 0 & 1 \\ -1 & 0 \end{pmatrix} \begin{pmatrix} y_1 \\ y_2 \end{pmatrix}$$

となるので，定理 4.4 における $\boldsymbol{f}$ が任意の r に対して C^r 級になっている場合である．(4.19) の初期条件

$$y(a)=b_1, \quad y'(a)=b_2 \tag{4.20}$$

をみたす解を考えよう．一般解は

$$y(x)=c_1\sin x+c_2\cos x \qquad (c_1,c_2:\text{定数})$$

で与えられるので，初期条件を代入すると

$$\begin{cases} c_1\sin a+c_2\cos a=b_1 \\ c_1\cos a-c_2\sin a=b_2 \end{cases}$$

となり，これを c_1,c_2 についての連立 1 次方程式と見て解くと

$$c_1=b_1\sin a+b_2\cos a, \quad c_2=b_1\cos a-b_2\sin a$$

を得る．したがって (4.19) の初期条件 (4.20) をみたす解として，

$$y(x;a,b_1,b_2)=(b_1\sin a+b_2\cos a)\sin x+(b_1\cos a-b_2\sin a)\cos x$$

が得られた．あるいは三角関数の加法定理を用いて整理すると，

$$y(x; a, b_1, b_2) = b_1 \cos(x-a) + b_2 \sin(x-a)$$

とも表せる．いずれの表示を見ても，定理 4.4 にある通り，$y(x; a, b_1, b_2)$ が (a, b_1, b_2) について連続で，また (b_1, b_2) について C^r 級 (r は任意) となっていることがわかる．

4.4 比較定理

ここまでは微分方程式の解について，そもそも存在するのか，どこで定義されるのか，といったような非常に基本的なことを判定する手段を学んできた．実用上は，微分方程式の解が関数としてどんな値をとりどんな増え方 (減り方) をするのかといった，より詳しいことを知りたいであろう．例外的な場合を除けば微分方程式の解は具体的に求められるわけではないので，具体形がわからない関数の振る舞いを調べたいということになる．

微分方程式の解については，そのようなことを調べる手法がいろいろ開発されており，それは微分方程式論における中心的なテーマにもなっているのだが，ここではその中で一番基本的な比較定理とよばれる手法を紹介しよう．

定理 4.5 (比較定理) 2 つの微分方程式

$$\boldsymbol{y}' = \boldsymbol{f}(x, \boldsymbol{y}) \tag{4.21}$$

$$z' = F(x, z) \tag{4.22}$$

を考える．ここで $\boldsymbol{f}$ は $\boldsymbol{R}^{n+1}$ の領域 Ω で連続かつリプシッツ条件をみたし，また F は $\boldsymbol{R}^2$ の領域 D で連続とする．

いま

$$|\boldsymbol{f}(x, \boldsymbol{y})| < F(x, |\boldsymbol{y}|) \tag{4.23}$$

が $(x, \boldsymbol{y}) \in \Omega$, $(x, |\boldsymbol{y}|) \in D$ に対して成り立つと仮定する．このとき (4.21) の解 $\boldsymbol{y}(x)$ と (4.22) の解 $z(x)$ について

$$|\boldsymbol{y}(a)| \leq z(a)$$

が成り立っていれば，かならず

$$|\boldsymbol{y}(x)| \leq z(x) \qquad (x \geq a) \tag{4.24}$$

が成り立つ．

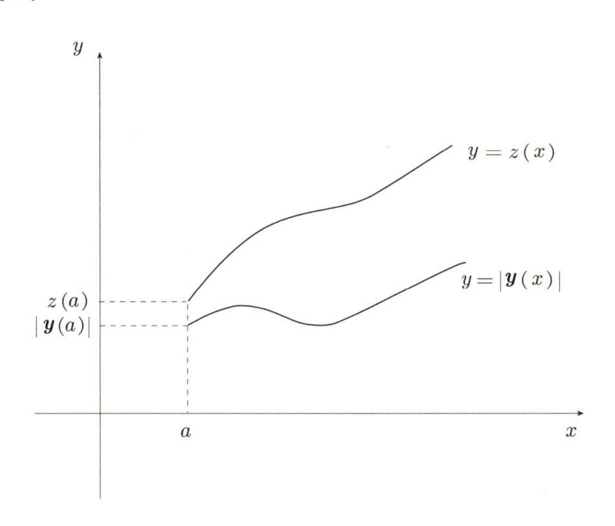

図 4.5

この定理の証明も本書では扱わない．[木村]，[高野] などを参照のこと．

この定理の使い方を説明しよう．(4.21) が調べたい微分方程式である．それに対して (4.23) が成り立つような $F(x, z)$ で，その F を用いた微分方程式 (4.22) がうまく解けるようなものが手に入ったとする．((4.22) はシステムではなく単独 1 階なので，解ける可能性が高い．) するとその解 $z(x)$ は具体的に書けるので，(4.24) は (4.21) の解の大きさを具体的に評価する不等式となるのである．

例 4.3　$f(x, y)$ を $\boldsymbol{R}^2$ 上 C^1 級の関数とするとき，微分方程式

$$y' = \sin(f(x,y)) \tag{4.25}$$

の任意の解は，右側にどこまでも延長されることを示せ．

解　f が C^1 級なので $\sin(f(x,y))$ も C^1 級，したがって特にリプシッツ条件をみたす (補題 4.1 参照)．つねに

$$|\sin(f(x,y))| \le 1 \tag{4.26}$$

が成り立つので，例えば F を

$$F(x,z) \equiv 1.1$$

ととると，$|\sin(f(x,y))| < F(x,|y|)$ が成り立つ．$y(x)$ を (4.25) の任意の解とし，$|y(a)| = b$ としよう．このとき $z(a) = b$ となる

$$z' = 1.1$$

の解は，$z(x) = 1.1x + c$ $(c = b - 1.1a)$ で与えられるので，比較定理により

$$|y(x)| \le 1.1x + c \qquad (x \ge a)$$

が結論される．これより特に x が有限の範囲内で $|y(x)| \to \infty$ となることはないので，解 $y(x)$ は右側にどこまでも延長されることがわかった．　□

注意　この方程式の場合はわざわざ比較定理を用いなくても同じ結論が得られる．(4.25), (4.26) により

$$|y'| \le 1$$

となるが，これは解 $y(x)$ のグラフの接線の傾きが $[-1,1]$ の範囲に収まることを意味している．したがって x が有限の範囲内で $|y(x)| \to \infty$ となることは起こりえないのである．

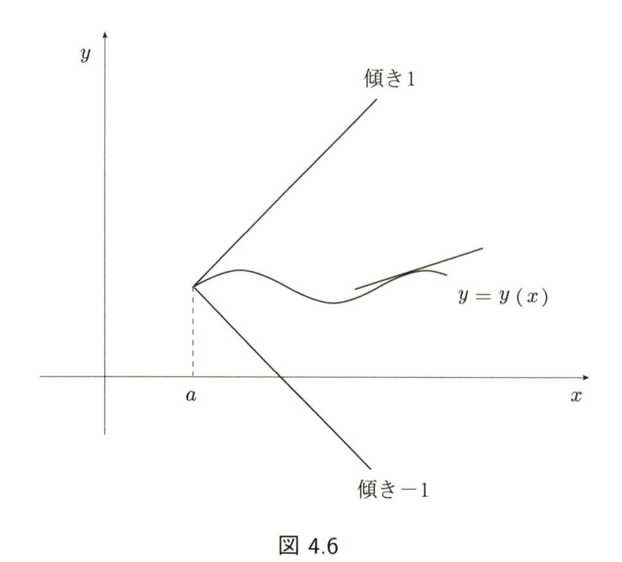

図 4.6

問題 4

1. 第 3 章 3.4 節で説明したシステムへの変換を用いて，定理 4.1 の内容を単独高階微分方程式

$$y^{(n)} = F(x, y, y', y'', \cdots, y^{(n-1)})$$

に対して述べよ．

2. 微分方程式

$$y' = \frac{1}{xy}$$

を考える．

（1）　定理 4.1 を用いて，初期条件 $y(1) = 1$ により解が一意的に定まることを示せ．

（2）　(1) の解を左右に延長することで，その最大の定義域を求めよ．

（3）　$a > 0, b > 0$ に対して，初期条件 $y(a) = b$ をみたす解を具体的に求め，その解 $y(x; a, b)$ が (a, b) に関して連続で b について微分可能であることを確かめよ．

第 5 章

級数による微分方程式の解法

5.1　ベキ級数で表される解

微分方程式

$$y^{(n)} = F(x, y, y', y'', \cdots, y^{(n-1)})$$

の解を求めるとき，解が

$$y(x) = \sum_{m=0}^{\infty} c_m (x-a)^m$$

というベキ級数の形をしていると想定して，$c_0, c_1, c_2, \cdots$ を求めることで解の表示を手に入れるという方法が考えられる．c_m がすべて求まり，この級数が収束することがわかったとすると，我々は $x = a$ においてテイラー展開された形の解を手に入れたことになる．

例 5.1　$y' = y$

解　$a = 0$ として上の方法を試みよう．すなわち

$$y = \sum_{m=0}^{\infty} c_m x^m$$

とおいて c_m を決めていきたい．項別微分により，

$$y' = \sum_{m=1}^{\infty} m c_m x^{m-1}$$

となるので，これらを微分方程式に代入すると

$$\sum_{m=1}^{\infty} mc_m x^{m-1} = \sum_{m=0}^{\infty} c_m x^m$$

となる．両辺の $x^0, x^1, x^2, \cdots, x^m, \cdots$ の係数を比較することで，

$$1 \cdot c_1 = c_0$$
$$2 \cdot c_2 = c_1$$
$$3 \cdot c_3 = c_2$$
$$\vdots$$
$$(m+1)c_{m+1} = c_m$$
$$\vdots$$

を得る．これらを順に解くと

$$c_1 = c_0,\ c_2 = \frac{c_0}{2},\ c_3 = \frac{c_0}{2 \cdot 3}, \cdots, c_m = \frac{c_0}{m!}, \cdots$$

となるので，次の級数解が得られた：

$$y = \sum_{m=0}^{\infty} \frac{c_0}{m!} x^m = c_0 \sum_{m=0}^{\infty} \frac{x^m}{m!}$$

この級数はすべての x に対して収束することがわかるので，確かにもとの微分方程式の解となる．

なお右辺の級数 $\sum_{m=0}^{\infty} \frac{x^m}{m!}$ が指数関数 e^x の $x = 0$ におけるテイラー展開であるので，この解が

$$y = c_0 e^x$$

という一般解を与えることまでわかる．

この例のように，得られた級数を既知の関数のテイラー展開とみなすことができれば「完全に解けた」という気分になるが，たとえそうできなくても，テイラー展開という有用な関数の表示を手に入れたことになる．その意味で

級数で表される解の表示が得られれば，微分方程式が解けたと考えることもできる．

級数による解法は，線形微分方程式の場合にとくに有効である．そこで以下では線形微分方程式について，2 つの場合に分けて級数による解法を説明する．

5.2　正則点における級数解

線形微分方程式

$$y^{(n)} + p_1(x)y^{(n-1)} + p_2(x)y^{(n-2)} + \cdots + p_n(x)y = 0 \tag{5.1}$$

を考える．$x = a$ において $p_1(x), p_2(x), \cdots, p_n(x)$ がいずれもテイラー展開可能であるとき，$x = a$ は (5.1) の**正則点**であるという．$x = a$ を (5.1) の正則点とし，各 $p_j(x)$ の $x = a$ におけるテイラー展開を

$$p_j(x) = \sum_{m=0}^{\infty} p_{jm}(x-a)^m$$

とする．この級数の収束半径，すなわち $|x-a| < r$ ならこの級数が収束するような r の最大値を r_j とおく．さらに

$$R = \min\{r_1, r_2, \cdots, r_n\}$$

とおこう．この節の主結果は次の定理である．

定理 5.1　微分方程式 (5.1) の一般解を

$$y(x) = \sum_{m=0}^{\infty} c_m(x-a)^m \tag{5.2}$$

の形で求めることができる．この級数は $|x-a| < R$ の範囲で収束する．

この定理の証明は，級数解が構成できること (つまり級数の係数 c_m が決まっていくこと) と，得られた級数が収束することを示すことでなされる．このうち級数解をどのように構成するかについては，応用上重要なので，$n = 2$

の場合に限るが説明する．構成した級数解の収束については，本書では扱わない．

$n=2$ とし，少し記号を変えて

$$y''+p(x)y'+q(x)y=0 \tag{5.3}$$

を考える．係数 $p(x), q(x)$ の $x=a$ におけるテイラー展開を，

$$p(x)=\sum_{m=0}^{\infty} p_m(x-a)^m, \quad q(x)=\sum_{m=0}^{\infty} q_m(x-a)^m$$

としよう．$y(x)$ を (5.2) の通りおくと，$y'(x), y''(x)$ は項別微分により

$$\begin{aligned} y'(x) &= \sum_{m=1}^{\infty} mc_m(x-a)^{m-1} \\ &= \sum_{m=0}^{\infty} (m+1)c_{m+1}(x-a)^m \\ y''(x) &= \sum_{m=2}^{\infty} m(m-1)c_m(x-a)^{m-2} \\ &= \sum_{m=0}^{\infty} (m+2)(m+1)c_{m+2}(x-a)^m \end{aligned}$$

となる．これらを微分方程式 (5.3) に代入し，c_m のみたす関係式を求める．

このとき，2 つの級数の積が現れるので，その計算方法を与えておこう．

補題 5.1

$$\begin{aligned} &\left(\sum_{m=0}^{\infty} a_m(x-a)^m\right)\left(\sum_{m=0}^{\infty} b_m(x-a)^m\right) \\ &= \sum_{m=0}^{\infty}\left(\sum_{k+l=m} a_k b_l\right)(x-a)^m \end{aligned}$$

証明　左辺

$$\bigl(a_0+a_1(x-a)+a_2(x-a)^2+\cdots\bigr)\bigl(b_0+b_1(x-a)+b_2(x-a)^2+\cdots\bigr)$$

のカッコをはずして展開し，$(x-a)^m$ の係数をまとめて書き表すと右辺となる．　□

補題 5.1 を用いて (5.3) を計算しよう．

$$
\begin{aligned}
0 &= \sum_{m=0}^{\infty}(m+2)(m+1)c_{m+2}(x-a)^m \\
&\quad + \left(\sum_{m=0}^{\infty} p_m(x-a)^m\right)\left(\sum_{m=0}^{\infty}(m+1)c_{m+1}(x-a)^m\right) \\
&\quad + \left(\sum_{m=0}^{\infty} q_m(x-a)^m\right)\left(\sum_{m=0}^{\infty} c_m(x-a)^m\right) \\
&= \sum_{m=0}^{\infty}(m+2)(m+1)c_{m+2}(x-a)^m \\
&\quad + \sum_{m=0}^{\infty}\left(\sum_{k+l=m} p_k(l+1)c_{l+1}\right)(x-a)^m \\
&\quad + \sum_{m=0}^{\infty}\left(\sum_{k+l=m} q_k c_l\right)(x-a)^m
\end{aligned}
$$

右辺の $(x-a)^m$ の係数はすべて 0 となるので，

$$
(m+2)(m+1)c_{m+2} + \sum_{k+l=m} p_k(l+1)c_{l+1} + \sum_{k+l=m} q_k c_l = 0 \tag{5.4}
$$

という関係式が得られる．様子を見るため $m = 0, 1, 2$ の場合に (5.4) を書き下すと，

$$
2\cdot 1\cdot c_2 + p_0c_1 + q_0c_0 = 0
$$

$$
3\cdot 2\cdot c_3 + p_0\cdot 2c_2 + p_1c_1 + q_0c_1 + q_1c_0 = 0
$$

$$
4\cdot 3\cdot c_4 + p_0\cdot 3c_3 + p_1\cdot 2c_2 + p_2c_1 + q_0c_2 + q_1c_1 + q_2c_0 = 0
$$

となる．第 1 式より

$$
c_2 = -\frac{p_0c_1 + q_0c_0}{2\cdot 1}
$$

が得られ，c_2 が c_0, c_1 の線形結合として表された．第 2 式からは

$$
c_3 = -\frac{p_0\cdot 2c_2 + p_1c_1 + q_0c_1 + q_1c_0}{3\cdot 2}
$$

を得るが，右辺に現れる c_2 は c_0, c_1 の線形結合だったので，c_3 もやはり c_0, c_1 の線形結合として表されることがわかる．以下同様に考えていくと，すべて

の $m \geq 2$ について c_m が c_0, c_1 の線形結合で表されること，すなわち

$$c_m = f_m c_0 + g_m c_1$$

の形になることがわかる．ここで f_m は $c_0 = 1,\ c_1 = 0$ として (5.4) を解いていったときの c_m であり，g_m は $c_0 = 0,\ c_1 = 1$ として (5.4) を解いていったときの c_m である．したがって次の形の級数解を得ることができた．

$$y(x) = c_0 \sum_{m=0}^{\infty} f_m (x-a)^m + c_1 \sum_{m=0}^{\infty} g_m (x-a)^m$$

右辺の 2 つの級数が収束すること，線形独立であることが示されるので，これは任意定数を 2 つ含む一般解となるのである．

5.3 確定特異点における級数解

微分方程式 (5.1) の係数 $p_1(x), p_2(x), \cdots, p_n(x)$ が，たとえば $\dfrac{1}{x-a}$ のように $x = a$ で定義されない (発散する) 関数となっている場合でも，少し拡張した形の級数解が存在することがある．

考えるのは次のような状況である．$x = a$ でテイラー展開可能な関数 $P_1(x), P_2(x), \cdots, P_n(x)$ があり，$p_1(x), p_2(x), \cdots, p_n(x)$ が

$$p_j(x) = \frac{P_j(x)}{(x-a)^j} \qquad (j = 1, 2, \cdots, n)$$

と表されるとする．この状況を，$p_j(x)$ は $x = a$ に高々 j 位の極を持つ，という．またこのとき，微分方程式 (5.1) は $x = a$ を**確定特異点**に持つ ($x = a$ は (5.1) の確定特異点である) といわれる．

$P_j(x)$ の $x = a$ におけるテイラー展開を

$$P_j(x) = \sum_{m=0}^{\infty} P_{jm}(x-a)^m \qquad (j = 1, 2, \cdots, n)$$

としよう．この級数の収束半径を r_j とし，

$$R = \min\{r_1, r_2, \cdots, r_n\}$$

とおく．さらにこのテイラー展開の係数を用いて，ρ を未知数とする次の n 次方程式を考える．

$$
\begin{aligned}
&\rho(\rho-1)(\rho-2)\cdots(\rho-n+1) \\
&\quad + P_{10}\rho(\rho-1)\cdots(\rho-n+2) + P_{20}\rho(\rho-1)\cdots(\rho-n+3) \\
&\quad + \cdots + P_{n-2,0}\rho(\rho-1) + P_{n-1,0}\rho + P_{n0} = 0
\end{aligned} \tag{5.5}
$$

この方程式を**決定方程式**という．

定理 5.2　$x=a$ を (5.1) の確定特異点とし，決定方程式 (5.5) のどの 2 つの解の差も整数にはならないと仮定する．このとき (5.5) の解 ρ に対して，

$$
y(x) = (x-a)^{\rho} \sum_{m=0}^{\infty} c_m (x-a)^m \qquad (c_0 \neq 0) \tag{5.6}
$$

という形の (5.1) の解が存在する．右辺に現れる級数は $|x-a| < R$ の範囲で収束する．

(5.6) の ρ のことを微分方程式 (5.1) の $x=a$ における**特性指数**という．すなわち定理 5.2 によると，特性指数は決定方程式 (5.5) の解である．微分方程式 (5.1) の係数 $p_1(x), p_2(x), \cdots, p_n(x)$ が実関数であっても，特性指数は複素数になることもある．その場合 (5.6) をもとに実関数の解を構成することもできるが，複素関数と見る方が簡便で自然でもあるので，ここでは (5.6) のまま扱うことにする．

定理 5.2 についても，$n=2$ の場合に (5.6) の解を構成する方法を説明しよう．微分方程式を

$$
y'' + p(x)y' + q(x)y = 0 \tag{5.7}
$$

とおき，係数が次のようになっているとしよう．

$$
p(x) = \frac{P(x)}{x-a}, \quad q(x) = \frac{Q(x)}{(x-a)^2}
$$

$$
P(x) = \sum_{m=0}^{\infty} P_m (x-a)^m
$$

$$Q(x) = \sum_{m=0}^{\infty} Q_m (x-a)^m$$

$y(x)$ は (5.6) の形をしていると仮定して，ρ および c_m をどのように決めればよいかを見ていく．(5.6) を少し書き換えて

$$y(x) = \sum_{m=0}^{\infty} c_m (x-a)^{\rho+m}$$

と表す．こうすると微分の計算が楽になる．項別微分により $y'(x), y''(x)$ を計算すると，

$$\begin{aligned} y'(x) &= \sum_{m=0}^{\infty} (\rho+m) c_m (x-a)^{\rho+m-1} \\ y''(x) &= \sum_{m=0}^{\infty} (\rho+m)(\rho+m-1) c_m (x-a)^{\rho+m-2} \end{aligned}$$

となる．これらを (5.7) に代入する．

$$\begin{aligned} 0 &= \sum_{m=0}^{\infty} (\rho+m)(\rho+m-1) c_m (x-a)^{\rho+m-2} \\ &\quad + \left(\sum_{m=0}^{\infty} P_m (x-a)^{m-1}\right)\left(\sum_{m=0}^{\infty} (\rho+m) c_m (x-a)^{\rho+m-1}\right) \\ &\quad + \left(\sum_{m=0}^{\infty} Q_m (x-a)^{m-2}\right)\left(\sum_{m=0}^{\infty} c_m (x-a)^{\rho+m}\right) \\ &= \sum_{m=0}^{\infty} (\rho+m)(\rho+m-1) c_m (x-a)^{\rho+m-2} \\ &\quad + \sum_{m=0}^{\infty} \left(\sum_{k+l=m} P_k (\rho+l) c_l\right) (x-a)^{\rho+m-2} \\ &\quad + \sum_{m=0}^{\infty} \left(\sum_{k+l=m} Q_k c_l\right) (x-a)^{\rho+m-2} \end{aligned}$$

この右辺において，$(x-a)^{\rho+m-2}$ の係数がすべての m について 0 にならなければならない．まず $m=0$ のときを見ると，

$$0 = \rho(\rho-1)c_0 + P_0 \rho c_0 + Q_0 c_0 = c_0[\rho(\rho-1) + P_0\rho + Q_0]$$

となる．$c_0 \neq 0$ としていたので，これより ρ についての 2 次方程式

$$\rho(\rho-1)+P_0\rho+Q_0=0$$

を得るが，これは $n=2$ の場合の決定方程式 (5.5) に他ならない．この左辺を $f(\rho)$ とおく：

$$f(\rho)=\rho(\rho-1)+P_0\rho+Q_0$$

決定方程式 $f(\rho)=0$ の解 ρ を 1 つ選び以下固定する．

次に $m=1,2$ のときを見てみる．

$$\begin{aligned}
0&=(\rho+1)\rho c_1+P_0(\rho+1)c_1+P_1\rho c_0+Q_0c_1+Q_1c_0\\
&=\big[(\rho+1)\rho+P_0(\rho+1)+Q_0\big]c_1+(P_1\rho+Q_1)c_0\\
0&=(\rho+2)(\rho+1)c_2+P_0(\rho+2)c_2+P_1(\rho+1)c_1\\
&\quad+P_2\rho c_0+Q_0c_2+Q_1c_1+Q_2c_0\\
&=\big[(\rho+2)(\rho+1)+P_0(\rho+2)+Q_0\big]c_2\\
&\quad+P_1(\rho+1)c_1+P_2\rho c_0+Q_1c_1+Q_2c_0
\end{aligned}$$

これらから，一般の m の場合には

$$f(\rho+m)c_m=(c_0,c_1,\cdots,c_{m-1}\text{の式}) \tag{5.8}$$

となることがわかるであろう．決定方程式 $f(\rho)=0$ の解の差は整数にならないと仮定していたので，ρ が解のとき $\rho+m$ は決して解にならない．したがって $f(\rho+m)\neq 0$ が成り立つので，(5.8) により c_m が順次決まっていくことがわかる．

注意　(i)　(5.6) で $c_0\neq 0$ を仮定しているが，かりに $c_0=c_1=\cdots=c_{k-1}=0$, $c_k\neq 0$ だったとすると，(5.6) は

$$y(x)=(x-a)^{\rho+k}\sum_{m=0}^{\infty}c_{m+k}(x-a)^m$$

と表すことができるので，これは特性指数が ρ ではなく $\rho+k$ ということになる．このことから，$c_0\neq 0$ という仮定は，特性指数 ρ を確定するためのも

のであることがわかる．

（ii）決定方程式の 2 つの解の差が整数とならないという仮定は，ρ を 1 つの解としたとき $f(\rho+m)\neq 0\ (m\geq 1)$ が成り立つためだけに必要であった，したがって解に整数の差がある場合でも，$\rho+m\ (m\geq 1)$ が解とならないような解 ρ(言い換えると差が整数となるような解の集合中で実部が一番大きな ρ，別の言い方をするとその集合の中で複素平面上での位置が一番右側にあるような ρ) については，(5.6) の形の解が存在する．

例 5.2　α,β を異なる定数とするとき，

$$y''-\frac{\alpha+\beta-1}{x}y'+\frac{\alpha\beta}{x^2}y=0 \tag{5.9}$$

の解を上の方法で求めてみよう．

(5.9) では y' の係数が $x=0$ を 1 位の極とし，y の係数が $x=0$ を 2 位の極としているので，$x=0$ は (5.9) の確定特異点である．そこで

$$y(x)=x^\rho\sum_{m=0}^{\infty}c_mx^m \qquad (c_0\neq 0)$$

の形で解を求める．これを (5.9) に代入すると，

$$\begin{aligned}0=&\sum_{m=0}^{\infty}(\rho+m)(\rho+m-1)c_mx^{\rho+m-2}\\&-(\alpha+\beta-1)\sum_{m=0}^{\infty}(\rho+m)c_mx^{\rho+m-2}\\&+\alpha\beta\sum_{m=0}^{\infty}c_mx^{\rho+m-2}\\=&\sum_{m=0}^{\infty}\big[(\rho+m)(\rho+m-1)-(\alpha+\beta-1)(\rho+m)+\alpha\beta\big]c_mx^{\rho+m-2}\end{aligned}$$

を得る．$x^{\rho-2}$ の係数を 0 とおくことで，決定方程式

$$\rho(\rho-1)-(\alpha+\beta-1)\rho+\alpha\beta=0$$

が得られ，これを解いて $\rho=\alpha,\beta$ がわかる．また $m\geq 1$ に対して $x^{\rho+m-2}$ の係数を 0 とおくと，

$$\big[(\rho+m)(\rho+m-1)-(\alpha+\beta-1)(\rho+m)+\alpha\beta\big]c_m=0$$

となるが，$\rho=\alpha$ でも $\rho=\beta$ でも $[\ \ ]\neq 0$ となるので，$c_m=0\ (m\geq 1)$ を得る．

以上により，(5.9) の解として

$$y(x)=x^{\alpha},\ x^{\beta}$$

が得られた．

5.4 特殊関数

ベッセル (Bessel) の微分方程式

$$y''+\frac{1}{x}y'+\left(1-\frac{n^2}{x^2}\right)y=0 \tag{5.10}$$

と超幾何微分方程式

$$x(1-x)y''+\{\gamma-(\alpha+\beta+1)x\}y'-\alpha\beta y=0 \tag{5.11}$$

の解を，5.3 節の方法で求めてみよう．

ベッセルの微分方程式 (5.10) では，$x=0$ が確定特異点である．そこで

$$y(x)=x^{\rho}\sum_{m=0}^{\infty}c_m x^m \qquad (c_0\neq 0) \tag{5.12}$$

の形の解を求めよう．

(5.12) を (5.10) に代入して整理すると，

$$\begin{aligned}&(\rho+n)(\rho-n)c_0x^{\rho-2}+(\rho+1+n)(\rho+1-n)c_1x^{\rho-1}\\&\quad+\sum_{m=2}^{\infty}\big[(\rho+m+n)(\rho+m-n)c_m+c_{m-2}\big]x^{\rho+m-2}=0\end{aligned} \tag{5.13}$$

となる．$x^{\rho-2}$ の係数が 0 ということから，決定方程式

$$(\rho+n)(\rho-n)=0$$

が得られ，これの解は $\pm n$ となる．その差は

$$n-(-n)=2n$$

となるので，$2n$ が整数でないときは特性指数 n の解と特性指数 $-n$ の解が両方とも構成できる．

まず $2n$ が整数でないとして，特性指数 n および $-n$ の解を構成しよう．はじめに特性指数 n の解を考える．$\rho=n$ として，(5.13) において $x^{\rho-1}$ の係数が 0 ということから，

$$(2n+1)(2n-1)c_1=0$$

を得るが，仮定により $(2n+1)(2n-1)\neq 0$ なので，$c_1=0$ となる．また $m\geq 2$ に対して $x^{\rho+m-2}$ の係数を 0 とおくと，

$$m(2n+m)c_m+c_{m-2}=0$$

となる．やはり仮定により $m(2n+m)\neq 0$ なので，これを解いて

$$c_m=-\frac{c_{m-2}}{m(2n+m)} \tag{5.14}$$

を得る．m を奇数とすると，(5.14) を繰り返し用いると c_m が c_1 の定数倍になるので，$c_1=0$ から $c_m=0$ が導かれる：

$$c_m=0 \qquad (m:\text{奇数})$$

m が偶数 $m=2r$ のときは，やはり (5.14) を繰り返し用いると

$$\begin{aligned}
c_{2r}&=\frac{-c_{2r-2}}{2r(2n+2r)}\\
&=\frac{(-1)^2c_{2r-4}}{2r(2r-2)(2n+2r)(2n+2r-2)}\\
&=\cdots \qquad (5.15)\\
&=\frac{(-1)^r c_0}{2r(2r-2)\cdot\cdots\cdot 2\cdot(2n+2r)(2n+2r-2)\cdots(2n+2)}\\
&=\frac{(-1)^r c_0}{2^{2r}r!(n+r)(n+r-1)\cdots(n+1)}
\end{aligned}$$

を得る．ここでガンマ関数 $\Gamma(\alpha)$ を使うと，ガンマ関数の性質 $\Gamma(\alpha+1)=\alpha\Gamma(\alpha)$ により

$$(n+r)(n+r-1)\cdots(n+1)=\frac{\Gamma(n+r+1)}{\Gamma(n+1)}$$

と表されることがわかる．以上をまとめると，(5.12) の形の解として

$$\begin{aligned}y(x)&=x^n\sum_{r=0}^{\infty}\frac{(-1)^r c_0\Gamma(n+1)}{2^{2r}r!\,\Gamma(n+r+1)}x^{2r}\\&=c_0\Gamma(n+1)x^n\sum_{r=0}^{\infty}\frac{(-1)^r}{r!\,\Gamma(n+r+1)}\left(\frac{x}{2}\right)^{2r}\end{aligned}$$

が得られた．右辺の級数はすべての x に対して収束することが知られている．

c_0 は任意の数でよいが，とくに $c_0=\dfrac{1}{\Gamma(n+1)}$ としたものを $J_n(x)$ と表し，n 次ベッセル (Bessel) **関数**という．すなわち

$$J_n(x)=x^n\sum_{r=0}^{\infty}\frac{(-1)^r}{r!\,\Gamma(n+r+1)}\left(\frac{x}{2}\right)^{2r} \tag{5.16}$$

$n=0,1,2,3$ に対するベッセル関数 $J_n(x)$ のグラフを与えておこう (図 5.1).

以上の議論において n を $-n$ に置き換えてもすべて同様に成り立つことがわかるため，$J_{-n}(x)$ が特性指数 $-n$ の解となることがわかる．よって $2n$ が整数でない場合には，$J_n(x)$ と $J_{-n}(x)$ がベッセルの微分方程式 (5.10) の解となる．これらが線形独立であることも示されるので，これらが (5.10) の基本解系となる．

次に $2n$ が整数の場合を考えよう．このとき n は整数か半整数となる．$n\geq -n$ (つまり $n\geq 0$) としよう．すると 5.3 節で注意したように，この場合でも特性指数 n の解は問題なく構成できるので，$J_n(x)$ が 1 つの解であることはわかる．そこで問題は，特性指数 $-n$ の解が構成できるか，ということになる．

まず n が整数の場合を考える．(5.13) において $\rho=-n$ とすると，$x^{\rho-1}$ の係数は

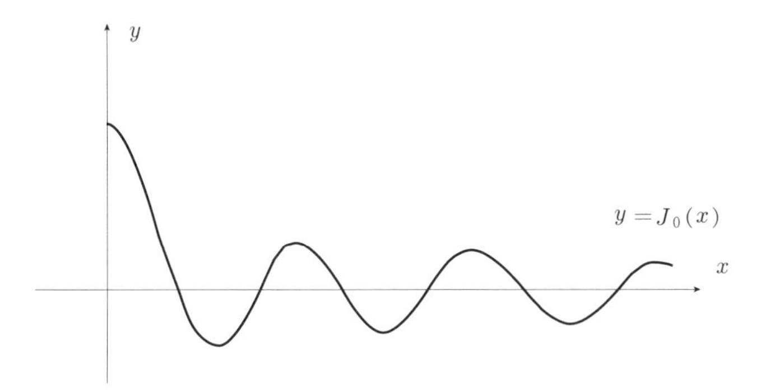

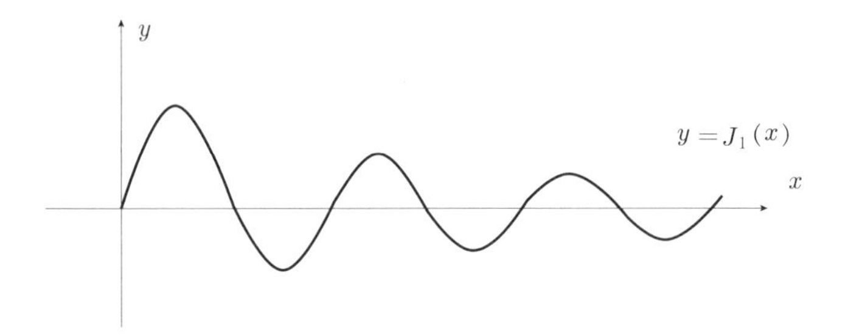

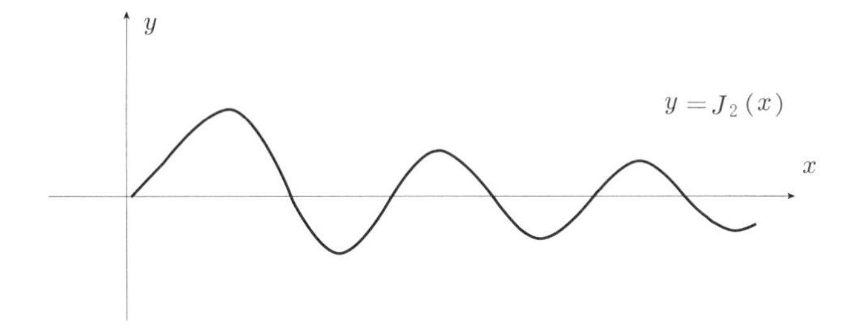

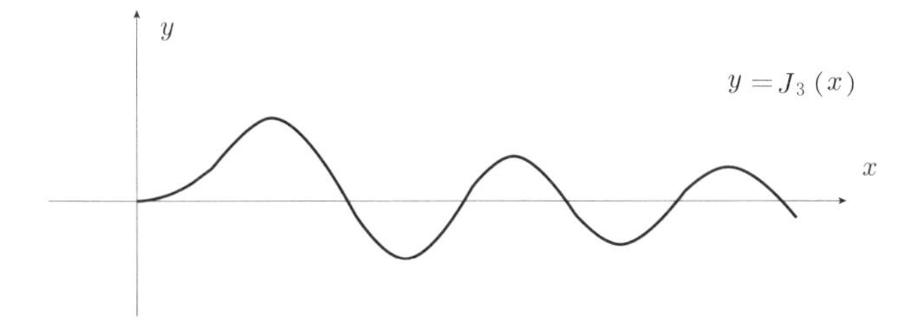

図 5.1

$$(-n+1+n)(-n+1-n)c_1 = (1-2n)c_1$$

となり，n が整数ということから $1-2n \neq 0$ なので，$c_1 = 0$ が得られる．$m \geq 2$ に対する $x^{\rho+m-2}$ の係数を見ると

$$(-n+m+n)(-n+m-n)c_m + c_{m-2} = m(m-2n)c_m + c_{m-2}$$

となっている．m が奇数の場合には，やはり n が整数という条件から $m(m-2n) \neq 0$ となるので，これより漸化式 (5.14) が成り立ち，先に得た $c_1 = 0$ と合わせて $c_m = 0$ が導かれる：

$$c_m = 0 \qquad (m : \text{奇数})$$

また m が偶数の場合でも，$m < 2n$ であれば $m(m-2n) \neq 0$ なので漸化式 (5.14) が成り立ち，$c_0 \neq 0$ と合わせて $c_m \neq 0$ $(m = 2r < 2n)$ が得られる．さて $m = 2n$ の場合には，(5.13) の $x^{\rho+m-2}$ の係数は

$$m(m-2n)c_m + c_{m-2} = 0 \cdot c_m + c_{m-2}$$

となるので，$c_{m-2} \neq 0$ であったため，これを 0 にするような c_m は存在しない．この困難を回避するため，次のような工夫を行う．当面 ρ には $-n$ を代入せずに変数として扱い，c_0 を ρ の関数として

$$c_0 = c_0(\rho) = \rho + n \tag{5.17}$$

と定めることにする．これと漸化式 (5.14) を用いると，$c_0, c_2, \cdots, c_{2n-2}$ まではいずれも ρ の関数として次の通り定まる．

$$\begin{aligned} c_{2r}(\rho) = & \frac{(-1)^r(\rho+n)}{(\rho+2r+n)(\rho+2r-2+n)\cdots(\rho+2+n)} \\ & \times \frac{1}{(\rho+2r-n)(\rho+2r-2-n)\cdots(\rho+2-n)} \\ & \qquad (0 \leq r < n) \end{aligned} \tag{5.18}$$

また $r \geq n$ に対する $c_{2r}(\rho)$ もやはり漸化式 (5.14) から定まり，この場合は分母に現れる $(\rho+n)$ が分子の $(\rho+n)$ とキャンセルするので，次のようになる．

$$
\begin{aligned}
c_{2r}(\rho) = & \frac{(-1)^r}{(\rho+2r+n)(\rho+2r-2+n)\cdots(\rho+2+n)} \\
& \times \frac{1}{(\rho+2r-n)(\rho+2r-2-n)\cdots(\rho+2n+2-n)} \\
& \times \frac{1}{(\rho+2n-2-n)\cdots(\rho+2-n)} \\
& \hspace{20em} (r \geq n)
\end{aligned}
\tag{5.19}
$$

このように定まる $c_{2r}(\rho)$ は，$\rho=-n$ に対しても意味を持つ．そこで

$$
y_\rho(x) = x^\rho \sum_{r=0}^{\infty} c_{2r}(\rho) x^{2r} \tag{5.20}
$$

とおき，$y=y_\rho(x)$ を微分方程式 (5.10) の左辺に代入してみよう．すると (5.13) の左辺において c_m を上記のものにした式が得られるが，c_m の決め方から初項以外の項は 0 となり，結果として

$$
\begin{aligned}
y_\rho'' + \frac{1}{x} y_\rho' + \left(1 - \frac{n^2}{x^2}\right) y_\rho &= (\rho+n)(\rho-n)c_0(\rho) \\
&= (\rho+n)^2(\rho-n)
\end{aligned}
$$

となる．この式の両辺を ρ で微分して，そのあとで $\rho=-n$ を代入することを考える．右辺は $(\rho+n)^2$ を因子に持つので，この操作で 0 となる．すると，

$$
\begin{aligned}
&\left[\frac{\partial}{\partial\rho}\left(y_\rho'' + \frac{1}{x}y_\rho' + \left(1-\frac{n^2}{x^2}\right)y_\rho\right)\right]_{\rho=-n} \\
&= \frac{d^2}{dx^2}\left(\frac{\partial}{\partial\rho}y_\rho\right)_{\rho=-n} + \frac{1}{x}\frac{d}{dx}\left(\frac{\partial}{\partial\rho}y_\rho\right)_{\rho=-n} + \left(1-\frac{n^2}{x^2}\right)\left(\frac{\partial}{\partial\rho}y_\rho\right)_{\rho=-n} \\
&= 0
\end{aligned}
$$

が得られる．これは $\left(\dfrac{\partial}{\partial\rho}y_\rho\right)_{\rho=-n}$ がベッセルの微分方程式 (5.10) の解であることを表している．これがどんな解になるか，(5.20) から計算してみよう．

(5.21)

$$\begin{aligned}\left(\frac{\partial}{\partial\rho}y_\rho\right)_{\rho=-n} &= \left[x^\rho \log x \sum_{r=0}^{\infty} c_{2r}(\rho)x^{2r} + x^\rho \sum_{r=0}^{\infty} c'_{2r}(\rho)x^{2r}\right]_{\rho=-n} \\ &= x^{-n}\log x \sum_{r=0}^{\infty} c_{2r}(-n)x^{2r} + x^{-n}\sum_{r=0}^{\infty} c'_{2r}(-n)x^{2r}\end{aligned}$$

となるので，これは $\log x$ を含むような解になることがわかった．この解をもう少し詳しく見てみよう．$0 \le r < n$ に対しては (5.18) により $c_{2r}(-n) = 0$ となる．また $n \le r$ に対しては，$r = n + s$ とおくと

$$\begin{aligned}c_{2r}(-n) &= \frac{(-1)^{n+s}}{(2n+2s)(2n+2s-2)\cdot\cdots\cdot 2} \\ &\quad \times \frac{1}{(2s)(2s-2)\cdot\cdots\cdot 2\cdot(-2)(-4)\cdots(-2n+2)} \\ &= \frac{(-1)^s}{(2s)(2s-2)\cdot\cdots\cdot 2\cdot(2n+2s)(2n+2s-2)\cdots(2n+2)} \\ &\quad \times \frac{(-1)^n}{(2n)(2n-2)\cdot\cdots\cdot 2\cdot(-2)(-4)\cdots(-2n+2)} \\ &= \frac{(-1)^s}{2^{2s}s!(n+s)(n+s-1)\cdots(n+1)} \\ &\quad \times \frac{(-1)^n}{(2n)(2n-2)\cdot\cdots\cdot 2\cdot(-2)(-4)\cdots(-2n+2)} \\ &= C\cdot\frac{(-1)^s\Gamma(n+1)}{2^{2s}s!\,\Gamma(n+s+1)}\end{aligned}$$

となることがわかる．ただしここで

$$C = \frac{(-1)^n}{(2n)(2n-2)\cdot\cdots\cdot 2\cdot(-2)(-4)\cdots(-2n+2)}$$

とおいた．以上を用いて (5.21) の右辺第 1 項を計算すると，

$$\begin{aligned}&x^{-n}\log x \sum_{r=0}^{\infty} c_{2r}(-n)x^{2r} \\ &\quad = x^{-n}\log x \sum_{r=n}^{\infty} c_{2r}(-n)x^{2r}\end{aligned}$$

$$
\begin{aligned}
&= x^n \log x \sum_{s=0}^{\infty} c_{2(n+s)}(-n) x^{2s} \\
&= \log x \cdot x^n \sum_{s=0}^{\infty} C \cdot \frac{(-1)^s \Gamma(n+1)}{2^{2s} s!\, \Gamma(n+s+1)} x^{2s} \\
&= \log x \cdot C\Gamma(n+1) x^n \sum_{s=0}^{\infty} \frac{(-1)^s}{s!\, \Gamma(n+s+1)} \left(\frac{x}{2}\right)^{2s} \\
&= C\Gamma(n+1) \cdot J_n(x) \log x
\end{aligned}
$$

というようにベッセル関数を用いて表されることがわかった．さらに (5.17) より $c_0'(-n) = 1$ となるので，(5.20) で与えられる解は

$$
(5.22) \quad x^{-n} \sum_{r=0}^{\infty} c_{2r}'(-n) x^{2r} + C\Gamma(n+1) \cdot J_n(x) \log x \qquad (c_0'(-n) = 1)
$$

と表される．これは拡張した意味で $-n$ を特性指数とする解と思うことができよう．

最後に n が半整数の場合を考える．すなわち $n = \dfrac{k}{2}$ $(k = 1, 3, 5, \cdots)$ とする．混乱を避けるため，まず $k = 3, 5, 7, \cdots$ のときを先に考えよう．$\rho = -n$ に対し (5.13) の $x^{\rho-1}$ の係数は

$$
(-n+1+n)(-n+1-n)c_1 = (1-2n)c_1 = (1-k)c_1
$$

となるので，これが 0 になるためには $k \neq 1$ であったから $c_1 = 0$ でなければならない．$x^{\rho+m-2}$ $(m \geq 2)$ の係数は

$$
m(m-k)c_m + c_{m-2}
$$

となるが，m が偶数のときは $m(m-k) \neq 0$ となるので，これが 0 ということから漸化式 (5.14) が成り立ち，したがって (5.15) を得る．

また奇数の m については，$m < k$ のときは $m(m-k) \neq 0$ なのでやはり (5.14) が成り立ち，これを繰り返し用いることで c_m は c_1 の定数培となることがわかり，したがって 0 となる．すなわち

$$
c_1 = c_3 = \cdots = c_{k-2} = 0
$$

$m = k$ のときの (5.13) の $x^{\rho+m-2}$ の係数を見ると，

$$k(k-2n)c_k + c_{k-2} = 0 \cdot c_k + c_{k-2}$$

となるが，$c_{k-2} = 0$ であったのでこれは c_k の任意の値に対して 0 になる．そこで c_k の値を任意に選んで固定しよう．$m > k$ となる奇数 m については $m(m-k) \neq 0$ なので，漸化式 (5.14) が成り立つ．よってそれを繰り返し用いることで，

$$c_m = \frac{(-1)^{\frac{m-k}{2}} c_k}{m(m-2)\cdots(k+2)\cdot(m-k)(m-2-k)\cdot\cdots\cdot 2}$$

が得られる．

c_k は任意に選べたので，とくに $c_k = 0$ と選ぶと，すべての奇数 m に対して $c_m = 0$ となる．したがって得られる解は $J_{-n}(x)$ の定数倍となる．また $c_k \neq 0$ として (5.12) の m が奇数の項だけを取り出すと，

$$\begin{aligned}
&x^{-n}(c_k x^k + c_{k+2}x^{k+2} + c_{k+4}x^{k+4}\cdots)\\
&= c_k x^{\frac{k}{2}} + c_{k+2}x^{\frac{k}{2}+2} + c_{k+4}x^{\frac{k}{2}+4}\cdots\\
&= x^{\frac{k}{2}}(c_k + c_{k+2}x^2 + c_{k+4}x^4 + \cdots)\\
&= x^n(c_k + c_{k+2}x^2 + c_{k+4}x^4 + \cdots)
\end{aligned}$$

となる．ここで $m > k$ となる奇数 m については c_m は (5.14) の通り定まることから，この級数はじつは $J_n(x)$ の定数倍であることがわかる．したがって結局，以上の手順で得られた解は

$$b_0 J_{-n}(x) + b_k J_n(x) \qquad (b_0, b_k : \text{定数})$$

なのであった．そして $J_n(x)$ も $J_{-n}(x)$ も解だったので，この場合の基本解系として $J_n(x), J_{-n}(x)$ がとれることがわかった．

以上の結果は $k=1$ の場合 (つまり $n = \frac{1}{2}$ の場合) もそのまま成り立つことがわかる．

詳細に述べてきたが，以上の計算により次の定理が得られた．

定理 5.3 ベッセルの微分方程式 (5.10) について，次が成り立つ．

(i) $2n$ が整数でないときは，$J_n(x), J_{-n}(x)$ が基本解系となる．

(ii) $2n$ が整数の場合は，次の 2 つの場合に分かれる．$n \geq 0$ とする．

(ii) - i) n が整数なら，$J_n(x)$ と (5.22) が基本解系となる．

(ii) - ii) n が半整数なら，$J_n(x), J_{-n}(x)$ が基本解系となる．

注意 定理 5.3 で (i) と (ii) - ii) は同じ結論を述べているが，分けている理由は次の通りである．一般に n を実数 (または複素数) とすると，その n に対して $2n$ が整数となるのは例外的な場合であろう．したがって (i) と (ii) では (ii) の方が例外的である．(ii) の場合，c_m を決める関係式 $m(m-2n)c_m + c_{m-2} = 0$ において，決めるべき c_m の係数が 0 になるときにたまたま c_{m-2} も 0 になるのは例外的であろう．その意味では (ii) - i) と (ii) - ii) では (ii)- ii) の方が例外的である．よって状況としては，例外中の例外が一般の場合と同じ結論になっているということなので，その区別を明確にするため (i) と (ii) - ii) をまとめずに記述した．

なお 5.3 節で説明した方法および上で行ったような $\log x$ を含むような解を求める方法のことを，**フロベニウス (Frobenius) の方法**という．フロベニウスの方法については，[高野，§13.2] に詳しい説明がある．

次に超幾何微分方程式 (5.11) の解を 5.3 節の方法で求めてみる．(5.11) を

$$y'' + \frac{\gamma - (\alpha + \beta + 1)x}{x(1-x)} y' - \frac{\alpha\beta}{x(1-x)} y = 0 \tag{5.23}$$

と表すと，$x = 0$ と $x = 1$ が確定特異点になることがわかる．ここではそのうち $x = 0$ における解を求めてみよう．すなわち

$$y(x) = x^\rho \sum_{m=0}^{\infty} c_m x^m \tag{5.24}$$

とおいて，ρ および c_m を求める．

まず準備として，(5.23) の y' および y の係数の展開式を求めよう．テイラー展開

$$\frac{1}{1-x} = \sum_{m=0}^{\infty} x^m$$

を用いることで，

$$\begin{aligned}
\frac{\gamma-(\alpha+\beta+1)x}{x(1-x)} &= \frac{1}{x}\cdot\frac{1}{1-x}\cdot(\gamma-(\alpha+\beta+1)x) \\
&= \frac{1}{x}\left(\sum_{m=0}^{\infty} x^m\right)(\gamma-(\alpha+\beta+1)x) \\
&= \frac{1}{x}\left(\gamma+\sum_{m=1}^{\infty}(\gamma-\alpha-\beta-1)x^m\right) \\
-\frac{\alpha\beta}{x(1-x)} &= \frac{1}{x}\left(-\alpha\beta\sum_{m=0}^{\infty} x^m\right)
\end{aligned}$$

と展開されることがわかる．

さて，決定方程式は

$$\rho(\rho-1)+\gamma\rho = \rho(\rho-(1-\gamma)) = 0$$

となるので，解として $0, 1-\gamma$ を得る．いま γ は 0 以下の整数ではないと仮定すると，0 と $1-\gamma$ との差が整数であったとしても $0 \geq 1-\gamma$ となるため，特性指数 0 の解が構成できる．それを求めよう．そのため $\rho=0$ として (5.24) を微分方程式 (5.23) に代入すると，

$$\begin{aligned}
&\sum_{m=0}^{\infty} m(m-1)c_m x^{m-2} \\
&\qquad + \left(\gamma+\sum_{m=1}^{\infty}(\gamma-\alpha-\beta-1)x^m\right)\left(\sum_{m=0}^{\infty} mc_m x^{m-2}\right) \\
&\qquad - \alpha\beta\left(\sum_{m=0}^{\infty} x^m\right)\left(\sum_{m=0}^{\infty} c_m x^m\right) = 0
\end{aligned}$$

を得る．$m>2$ として x^{m-2} の係数を 0 とおくと，

$$\begin{aligned}
&m(m-1)c_m + \gamma mc_m \\
&\quad + (\gamma-\alpha-\beta-1)\big((m-1)c_{m-1}+(m-2)c_{m-2}+\cdots+c_1\big) \\
&\quad - \alpha\beta(c_{m-1}+c_{m-2}+\cdots+c_1+c_0) = 0
\end{aligned}$$

となるが，これより

$$\begin{aligned} m(\gamma+m-1)c_m = &-\bigl((m-1)(\gamma-\alpha-\beta-1)-\alpha\beta\bigr)c_{m-1} \\ &-\bigl((m-2)(\gamma-\alpha-\beta-1)-\alpha\beta\bigr)c_{m-2} \\ &-\cdots \\ &-\bigl((\gamma-\alpha-\beta-1)-\alpha\beta\bigr)c_1 \\ &-(-\alpha\beta)c_0 \end{aligned}$$

を得る．この式で m を $m+1$ に置き変えると，右辺はもとの右辺に $-\bigl(m(\gamma-\alpha-\beta-1)-\alpha\beta\bigr)c_m$ を付け加えたものになるので，

$$\begin{aligned} &(m+1)(\gamma+m)c_{m+1} \\ &\quad= -\bigl(m(\gamma-\alpha-\beta-1)-\alpha\beta\bigr)c_m + m(\gamma+m-1)c_m \\ &\quad= \bigl(m^2+(\alpha+\beta)m+\alpha\beta\bigr)c_m \\ &\quad= (m+\alpha)(m+\beta)c_m \end{aligned}$$

となり，2 項漸化式が得られた．γ は 0 以下の整数ではないと仮定していたので $(m+1)(m+\gamma)\neq 0$ である．したがってこれを解いて

$$c_m = \frac{\alpha(\alpha+1)\cdots(\alpha+m-1)\beta(\beta+1)\cdots(\beta+m-1)}{\gamma(\gamma+1)\cdots(\gamma+m-1)\cdot 1\cdot 2\cdot\cdots\cdot m}c_0$$

が得られる．記号

$$(\alpha,m) = \begin{cases} 1 & (m=0) \\ \alpha(\alpha+1)\cdots(\alpha+m-1) & (m\geq 1) \end{cases}$$

を導入すると，

$$c_m = \frac{(\alpha,m)(\beta,m)}{(\gamma,m)(1,m)}c_0$$

と簡潔に表される．なお $(1,m)=m!$ である．こうして超幾何微分方程式 (5.11) の解

$$y(x) = c_0 \sum_{m=0}^{\infty} \frac{(\alpha, m)(\beta, m)}{(\gamma, m)(1, m)} x^m$$

が得られた．とくに $c_0 = 1$ としたものを**超幾何級数**といい，$F(\alpha, \beta, \gamma; x)$ で表す：

$$F(\alpha, \beta, \gamma; x) = \sum_{m=0}^{\infty} \frac{(\alpha, m)(\beta, m)}{(\gamma, m)(1, m)} x^m \tag{5.25}$$

超幾何級数は $|x| < 1$ の範囲で収束するが，x を複素変数と考えることで定義域をより広い範囲に延ばすことができる．そのように超幾何級数の定義域を広げて得られる関数を**超幾何関数**とよぶ．

ベッセル関数や超幾何関数は，数学や物理学などにおけるさまざまな問題を解くのに用いられる非常に有用な関数で，そのような関数は特殊関数とよばれる．ベッセル関数の応用については次の章で述べる．超幾何関数の応用については扱わないが，物理学 (とくに電磁気学や量子力学) で重要な働きをするルジャンドル多項式との関係を述べておこう．

超幾何級数 (5.25) において α または β が 0 以下の整数の場合には，ある番号以降の係数がすべて 0 となるので，級数は多項式になる．言い換えると，超幾何微分方程式 (5.11) は，α または β が 0 以下の整数の場合には多項式解を持つのである．

n を 0 以上の整数とする．超幾何級数において $\alpha = n + 1$, $\beta = -n$, $\gamma = 1$ とし，さらに x のところに $\dfrac{1-x}{2}$ を代入して得られる多項式を**ルジャンドル (Legendre) 多項式**とよび $P_n(x)$ で表す：

$$P_n(x) = F\left(n + 1, -n, 1; \frac{1-x}{2}\right) \tag{5.26}$$

ルジャンドル多項式については多くのことが調べられている．たとえば

$$P_n(x) = \frac{1}{2^n n!} \frac{d^n}{dx^n} (x^2 - 1)^n \tag{5.27}$$

という表現も知られていて，これを使うとルジャンドル多項式の具体形がわ

かる．少し求めてみると，

$$P_0(x) = 1$$
$$P_1(x) = x$$
$$P_2(x) = \frac{3}{2}x^2 - \frac{1}{2}$$
$$P_3(x) = \frac{5}{2}x^3 - \frac{3}{2}x$$
$$P_4(x) = \frac{35}{8}x^4 - \frac{15}{4}x^2 + \frac{3}{8}$$

となる．(5.27) を (5.26) から導くのは難しい．ルジャンドル多項式はいろいろな特徴を持っており，(5.26) と (5.27) はむしろその多面性の現れととらえるのが自然であろう．

問 5.1 (5.27) を用いて $P_n(1) = 1$ となることを示せ．

問題 5

1. 定数係数線形微分方程式

$$y'' - 2y' - 3y = 0$$

の解を 5.2 節の方法で求めよ．

2. (1) 超幾何微分方程式 (5.11) の $x = 1$ における決定方程式の解が $0, \gamma - \alpha - \beta$ であることを示せ．

(2) $\gamma - \alpha - \beta$ が整数でないと仮定して，(5.11) の $x = 1$ における特性指数 0 の解を求めよ．

3. α, γ を定数とする．微分方程式

$$xy'' + (\gamma - x)y' - \alpha y = 0$$

は合流型超幾何微分方程式とよばれるが，γ が 0 以下の整数ではないと仮定

して，この方程式の $x = 0$ における特性指数 0 の解を求めよ．

4.　ルジャンドル多項式 $P_n(x)$ が，次の漸化式をみたすことを示せ．

$$(n+1)P_{n+1}(x) - (2n+1)xP_n(x) + nP_{n-1}(x) = 0$$

第 6 章

応用 — 太鼓の音

今まで学んできたことを用いて，太鼓の音を物理現象として調べてみよう．太鼓というのは円形の枠に膜を張ったもので，膜が自身の張力により振動することで音が出る．バイオリンやギターなどの弦楽器，あるいはリコーダーやトランペットのような管楽器ははっきりした音程を持つが，太鼓の音にははっきりした音程が感じられない．その理由を，膜の振動という物理現象を解析することで明らかにしよう．

6.1 物理的準備

太鼓の膜の振動を記述するため，xyz-空間を考え，円形の枠が xy-平面の原点を中心とする円 $x^2 + y^2 = R^2$ の位置に据えられているとする．膜が振動するということを，膜の各点が時間とともに z 方向に上下移動することととらえ，座標 (x, y) の点の時刻 t における z 座標を $u(t, x, y)$ で表すことにする (図 6.1).

言い換えるなら，各時刻 $t = t_0$ を固定するごとに 2 変数関数 $u(t_0, x, y)$ のグラフ $z = u(t_0, x, y)$ が考えられるが，このグラフが振動中の膜の時刻 t_0 という瞬間の形を与えるように，関数 $u(t, x, y)$ を定めるということである．したがって膜の振動は関数 $u(t, x, y)$ により完全に記述され，この関数を知ることで太鼓の音がわかることになる．

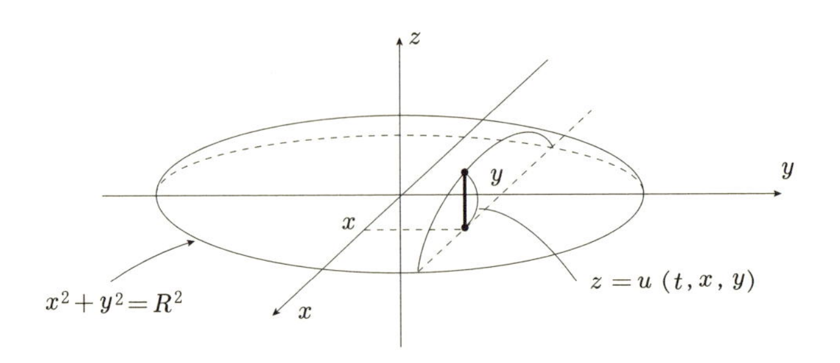

図 6.1

膜の振動は膜の張力によって起こるので，膜の張力を外力とする運動方程式が立てられる．導出の過程は省略するが，運動方程式は u の偏微分の間の関係式，すなわち偏微分方程式となる．その具体形は

$$\frac{\partial^2 u}{\partial t^2} = c^2 \left(\frac{\partial^2 u}{\partial x^2} + \frac{\partial^2 u}{\partial y^2} \right) \tag{6.1}$$

で与えられる．ここで $c > 0$ は定数．(6.1) を**波動方程式**という．

また枠 $x^2 + y^2 = R^2$ においては膜の上下移動がないので，どの時刻においても u の値は 0 となる．すなわち

$$u(t, x, y) = 0 \qquad (x^2 + y^2 = R^2) \tag{6.2}$$

(6.2) を**境界条件**という．

以上により太鼓の音を調べるという問題は，境界条件 (6.2) をみたす波動方程式 (6.1) の解を求めることに帰着された．

6.2　極座標への変換

物理学では，それぞれの問題を調べるのに適した座標を用いることが重要である．今の問題では境界条件 (6.2) が原点を中心とする円周における条件となっているので，直交座標 (x, y) の代わりに極座標 (r, θ) を用いる方がよい．極座標とは，xy-平面の点を表すのに，原点からの距離 r と x 軸 (の正

の部分) から測った角度 θ を用いる方法である．

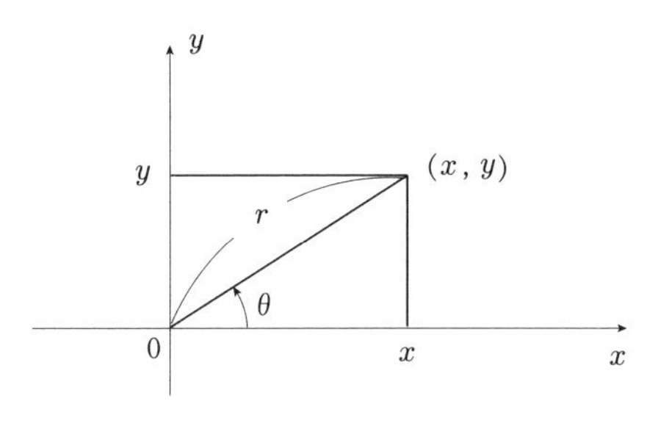

図 6.2

2 つの座標 (x, y) と (r, θ) の関係を式で表すと，

$$\left\{\begin{aligned} x &= r\cos\theta \\ y &= r\sin\theta \end{aligned}\right. \tag{6.3}$$

となる．極座標を用いると，境界 $x^2 + y^2 = R^2$ は簡潔に $r = R$ と表現される．

時刻 t における極座標で (r, θ) で表される点の z 方向の変位を，同じ u で表すことにしよう．つまり u を，(t, r, θ) の関数 $u(t, r, \theta)$ と考えるのである．すると境界条件 (6.2) は

$$u(t, R, \theta) = 0 \tag{6.4}$$

となる．

波動方程式 (6.1) も極座標で表現しなくてはならない．そのため偏微分における合成関数の微分法を用いて，x, y に関する偏微分を r, θ に関する偏微分で表す必要がある．一般に $f(x, y)$ を考え，(6.3) により変数変換を行って $f(r\cos\theta, r\sin\theta)$ としたとき，合成関数の微分法により

$$\frac{\partial f}{\partial r} = \cos\theta\,\frac{\partial f}{\partial x} + \sin\theta\,\frac{\partial f}{\partial y}$$

$$\frac{\partial f}{\partial \theta} = -r\sin\theta\,\frac{\partial f}{\partial x} + r\cos\theta\,\frac{\partial f}{\partial y}$$

が得られる．これを $\dfrac{\partial f}{\partial x}, \dfrac{\partial f}{\partial y}$ について逆に解くと，

$$\frac{\partial f}{\partial x} = \cos\theta \frac{\partial f}{\partial r} - \frac{\sin\theta}{r}\frac{\partial f}{\partial \theta}$$
$$\frac{\partial f}{\partial y} = \sin\theta \frac{\partial f}{\partial r} + \frac{\cos\theta}{r}\frac{\partial f}{\partial \theta}$$

となる．この式を 2 重に用いて，次の計算を行う．

$$\begin{aligned}
\frac{\partial^2 f}{\partial x^2} &= \frac{\partial}{\partial x}\left(\frac{\partial f}{\partial x}\right) \\
&= \cos\theta \frac{\partial}{\partial r}\left(\frac{\partial f}{\partial x}\right) - \frac{\sin\theta}{r}\frac{\partial}{\partial \theta}\left(\frac{\partial f}{\partial x}\right) \\
&= \cos\theta \frac{\partial}{\partial r}\left(\cos\theta \frac{\partial f}{\partial r} - \frac{\sin\theta}{r}\frac{\partial f}{\partial \theta}\right) \\
&\quad - \frac{\sin\theta}{r}\frac{\partial}{\partial \theta}\left(\cos\theta \frac{\partial f}{\partial r} - \frac{\sin\theta}{r}\frac{\partial f}{\partial \theta}\right) \\
&= \cos\theta\left(\cos\theta \frac{\partial^2 f}{\partial r^2} + \frac{\sin\theta}{r^2}\frac{\partial f}{\partial \theta} - \frac{\sin\theta}{r}\frac{\partial^2 f}{\partial r \partial \theta}\right) \\
&\quad - \frac{\sin\theta}{r}\left(-\sin\theta \frac{\partial f}{\partial r} + \cos\theta \frac{\partial^2 f}{\partial \theta \partial r} - \frac{\cos\theta}{r}\frac{\partial f}{\partial \theta} - \frac{\sin\theta}{r}\frac{\partial^2 f}{\partial \theta^2}\right) \\
&= \cos^2\theta \frac{\partial^2 f}{\partial r^2} + \frac{2\cos\theta\sin\theta}{r^2}\frac{\partial f}{\partial \theta} - \frac{2\cos\theta\sin\theta}{r}\frac{\partial^2 f}{\partial r \partial \theta} \\
&\quad + \frac{\sin^2\theta}{r}\frac{\partial f}{\partial r} + \frac{\sin^2\theta}{r^2}\frac{\partial^2 f}{\partial \theta^2}
\end{aligned}$$

同様にして，

$$\begin{aligned}
\frac{\partial^2 f}{\partial y^2} = \sin^2\theta \frac{\partial^2 f}{\partial r^2} - \frac{2\sin\theta\cos\theta}{r^2}\frac{\partial f}{\partial \theta} + \frac{2\sin\theta\cos\theta}{r}\frac{\partial^2 f}{\partial r \partial \theta} \\
+ \frac{\cos^2\theta}{r}\frac{\partial f}{\partial r} + \frac{\cos^2\theta}{r^2}\frac{\partial^2 f}{\partial \theta^2}
\end{aligned}$$

も得られる．とても複雑になったように思えるが，波動方程式 (6.1) の右辺に代入して計算すると，

$$\frac{\partial^2 u}{\partial x^2}+\frac{\partial^2 u}{\partial y^2}=\frac{\partial^2 u}{\partial r^2}+\frac{1}{r}\frac{\partial u}{\partial r}+\frac{1}{r^2}\frac{\partial^2 u}{\partial \theta^2}$$

というすっきりとした式になる．

以上により，波動方程式 (6.1) および境界条件 (6.2) を極座標で表すことができた．結果をまとめると次の通りである．

$$\frac{\partial^2 u}{\partial t^2}=c^2\left(\frac{\partial^2 u}{\partial r^2}+\frac{1}{r}\frac{\partial u}{\partial r}+\frac{1}{r^2}\frac{\partial^2 u}{\partial \theta^2}\right) \tag{6.5}$$

$$u(t,R,\theta)=0 \tag{6.6}$$

6.3 変数分離法

変換された問題 (6.5), (6.6) の解を求めるため，変数分離法という標準的な手法を用いる．今の場合の変数分離法とは，未知関数 $u(t,r,\theta)$ が t だけの関数 $F(t)$ と r だけの関数 $G(r)$ と θ だけの関数 $H(\theta)$ の積になっていると仮定して，F,G,H を求める方法である．すなわち

$$u(t,r,\theta)=F(t)G(r)H(\theta) \tag{6.7}$$

とおき，これを (6.5) および (6.6) に代入するのである．

まず (6.5) に代入する．F,G,H のそれぞれの変数は異なるが，微分はいずれもダッシュ($'$) をつけて表すことにすると，

$$F''GH=c^2\left(FG''H+\frac{1}{r}FG'H+\frac{1}{r^2}FGH''\right)$$

となる．この両辺を FGH で割ると，

$$\frac{F''}{F}=c^2\left(\frac{G''}{G}+\frac{1}{r}\frac{G'}{G}+\frac{1}{r^2}\frac{H''}{H}\right) \tag{6.8}$$

が得られる．(6.8) の左辺は t のみの関数，右辺は (r,θ) のみの関数となっている．これは見方を変えると，左辺は (r,θ) に依らず，また右辺は t に依らないということで，そのような両辺が等しいのだから，結局両辺とも t にも r にも θ にも依らない，すなわち定数であるということが結論される．ここ

の議論が変数分離法において肝要なところである．その定数を $-\lambda$ とおこう．

$$\frac{F''}{F} = c^2\left(\frac{G''}{G} + \frac{1}{r}\frac{G'}{G} + \frac{1}{r^2}\frac{H''}{H}\right) = -\lambda$$

これにより (6.8) は次の 2 つの微分方程式に分解された．

$$F'' + \lambda F = 0 \tag{6.9}$$

$$\frac{G''}{G} + \frac{1}{r}\frac{G'}{G} + \frac{1}{r^2}\frac{H''}{H} = -\frac{\lambda}{c^2} \tag{6.10}$$

(6.10) の両辺に r^2 を掛け，移項して整理すると

$$r^2\frac{G''}{G} + r\frac{G'}{G} + r^2\frac{\lambda}{c^2} = -\frac{H''}{H} \tag{6.11}$$

となる．(6.11) に対して上と同様の議論を行う．すなわち (6.11) の左辺は r のみの関数，右辺は θ のみの関数なので，この両辺は定数となることが結論される．その定数を μ とおこう．

$$r^2\frac{G''}{G} + r\frac{G'}{G} + r^2\frac{\lambda}{c^2} = -\frac{H''}{H} = \mu$$

こうして (6.11) は次の 2 つの微分方程式に分解された．

$$H'' + \mu H = 0 \tag{6.12}$$

$$r^2\frac{G''}{G} + r\frac{G'}{G} + r^2\frac{\lambda}{c^2} - \mu = 0 \tag{6.13}$$

(6.13) を次のように書き換えておく．

$$G'' + \frac{1}{r}G' + \left(\frac{\lambda}{c^2} - \frac{\mu}{r^2}\right)G = 0 \tag{6.14}$$

このようにして変数分離法により，u を未知関数とする偏微分方程式 (6.5) が，それぞれ F, G, H を未知関数とする 3 つの微分方程式 (6.9), (6.14), (6.12) に分解されることとなった．

6.4 解の構成

ここから，今まで学んできた微分方程式の理論を用いて，3 つの微分方程式 (6.9), (6.14), (6.12) の解を求めていく．その際に，未知の定数 λ, μ の値も決める必要がある．

まず H に対する微分方程式 (6.12) を考えよう．$H(\theta)$ は極座標における角度 θ を変数とする関数で，t_0 と r_0 が固定されたとき，時刻 t_0 における円周 $r = r_0$ 上の u の値が角度 θ でどのように変化するのかを記述する関数である．

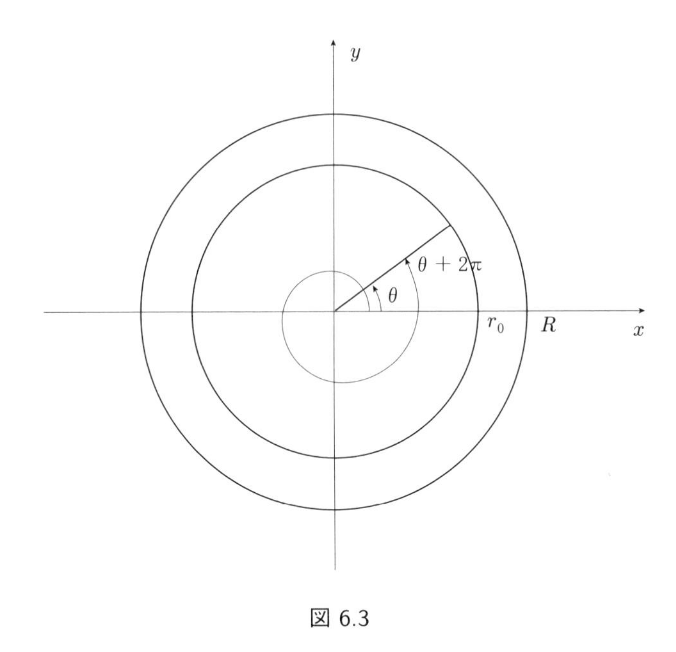

図 6.3

円周を 1 周してもとの点に戻ったときの u の値は，もとの値と一致していなければならないので，$H(\theta)$ は条件

$$H(\theta + 2\pi) = H(\theta) \tag{6.15}$$

をみたす必要がある．

さて微分方程式 (6.12) を見ると，これは定数係数線形微分方程式で，その解法は第 3 章 3.2 節で学んだ．(6.12) に対応する 2 次方程式

$$\alpha^2 + \mu = 0 \tag{6.16}$$

の解 α を考えるのであった．$\mu < 0$ のときは (6.16) は異なる 2 つの実数解 $\pm\sqrt{-\mu}$ を持ち，その場合の (6.12) の基本解系は指数関数 $e^{\sqrt{-\mu}\,\theta}, e^{-\sqrt{-\mu}\,\theta}$ で与えられる．また $\mu = 0$ の場合は $\alpha = 0$ が重解となり，(6.12) の一般解は 2 次多項式となる．これらいずれの場合も関数 $H(\theta)$ は条件 (6.15) をみたすことはできないので，残るは $\mu > 0$ の場合となる．このときは (6.12) の基本解系として，$\sin\sqrt{\mu}\,\theta, \cos\sqrt{\mu}\,\theta$ がとれる．よって一般解は

$$\begin{aligned} H(\theta) &= a_1 \sin\sqrt{\mu}\,\theta + a_2 \cos\sqrt{\mu}\,\theta \\ &= a_3 \cos(\sqrt{\mu}\,\theta + \omega) \end{aligned}$$

のように与えられる．ここで a_1, a_2 は任意定数，また後半の表示では a_3, ω が任意定数である．この $H(\theta)$ が条件 (6.15) をみたすためには

$$\cos(\sqrt{\mu}\,(\theta + 2\pi) + \omega) = \cos(\sqrt{\mu}\,\theta + \omega)$$

とならなければならないので，

$$\sqrt{\mu} = n \qquad (n = 1, 2, 3, \cdots)$$

となることがわかる．したがって

$$H(\theta) = a_3 \cos(n\theta + \omega)$$

$$\mu = n^2 \tag{6.17}$$

となる．

次に G に対する微分方程式 (6.14) を考えよう．(6.14) に含まれていた定数のうち μ については (6.17) のとおり n^2 となることがわかったので，微分方程式は

$$G'' + \frac{1}{r}G' + \left(\frac{\lambda}{c^2} - \frac{n^2}{r^2}\right)G = 0 \tag{6.18}$$

となる．この方程式の独立変数は r であるが，k をある定数とし，$r = k\xi$ で定まる新しい変数 ξ に変数変換してみる．合成関数の微分法により，一般に関数 $f(r)$ に対して

$$\frac{df}{dr} = \frac{d\xi}{dr}\frac{df}{d\xi} = \frac{1}{k}\frac{df}{d\xi}$$
$$\frac{d^2f}{dr^2} = \frac{d}{dr}\left(\frac{df}{dr}\right) = \frac{1}{k^2}\frac{d^2f}{d\xi^2}$$

が成り立つので，(6.18) は

$$\frac{d^2G}{d\xi^2} + \frac{1}{\xi}\frac{dG}{d\xi} + \left(k^2\frac{\lambda}{c^2} - \frac{n^2}{\xi^2}\right)G = 0$$

へ変換される．ここで定数 k を

$$k^2 = \frac{c^2}{\lambda} \tag{6.19}$$

となるようにとると，この方程式は

$$\frac{d^2G}{d\xi^2} + \frac{1}{\xi}\frac{dG}{d\xi} + \left(1 - \frac{n^2}{\xi^2}\right)G = 0 \tag{6.20}$$

となる．これはじつはベッセルの微分方程式 (5.10) にほかならない．

第 5 章の定理 5.3 でベッセルの微分方程式の基本解系を与えていた．今の場合は n が整数なので定理 5.3 の (ii) - i) に該当し，したがって (6.20) の解は

$$G(\xi) = b_1J_n(\xi) + b_2I(\xi)$$

と表される．ここで b_1, b_2 は定数で，(5.22) で与えられる関数を $I(x)$ とおいた．さて $J_n(x)$ は $x = 0$ で連続であるが，(5.22) を見るとわかるように $I(x)$ は $x = 0$ で ∞ に発散する．よってもし $b_2 \neq 0$ なら，$G(\xi)$ は $\xi = 0$ で発散することになり，$\xi = 0$ は $r = 0$ に対応しているので，これは太鼓の中心の変位が ∞ となる，つまり太鼓の真ん中が破れることを意味する．した

がって実際の振動を表すためには，$b_2 = 0$ でなければならない．つまり

$$G(\xi) = b_1 J_n(\xi)$$

となる．ここで変数を r に戻すと，(6.19) に注意して，

$$G(r) = b_1 J_n\left(\frac{\sqrt{\lambda}}{c} r\right) \tag{6.21}$$

ということになる．

ここでまだ使っていなかった境界条件 (6.6) を考えよう．(6.7) のように変数分離したために，条件 (6.7) は $G(r)$ のみに対する条件

$$G(R) = 0 \tag{6.22}$$

となる．$G(r)$ は (6.21) のようにベッセル関数で表されたので，(6.22) は

$$J_n\left(\frac{\sqrt{\lambda}}{c} R\right) = 0 \tag{6.23}$$

という条件になる．これは言い換えると，$\dfrac{\sqrt{\lambda}}{c} R$ がベッセル関数の零点 (関数の値が 0 になるような変数の位置) になっている，ということである．図 5.1 のグラフにあるようにベッセル関数は振動し，その零点は無数にある．それらの零点 (正のもの) を小さい順に $p_1, p_2, p_3, \cdots$ とおくことにすると，(6.23) はある 1 つの j について

$$\frac{\sqrt{\lambda}}{c} R = p_j$$

が成り立つということになるので，これから

$$\sqrt{\lambda} = \frac{c}{R} p_j \tag{6.24}$$

となり，こうして未定であった定数 λ が決まることがわかった．

最後に $F(t)$ を決めよう．$F(t)$ は λ を係数とする定数係数線形微分方程式 (6.9) の解である．第 3 章の結果を用いると，その一般解は

$$F(t) = c_1 \sin \frac{cp_j}{R} t + c_2 \cos \frac{cp_j}{R} t = c_3 \cos \left(\frac{cp_j}{R} t + \tau \right) \tag{6.25}$$

となることがわかる．ここで前半の表示では c_1, c_2 が，後半の表示では c_3, τ が任意定数である．

以上の結果をまとめると，(6.5), (6.6) の解として

$$u(t, r, \theta) = C \cos \left(\frac{cp_j}{R} t + \tau \right) J_n \left(\frac{p_j}{R} r \right) \cos(n\theta + \omega) \tag{6.26}$$

が得られたことになる．ここで C は定数である．

6.5 太鼓の音

(6.26) の u が表す太鼓の音はどのような音になっているだろうか．

その音程を見るには，周波数を求めればよい．太鼓の膜がある瞬間にある形をしていて，時間とともにその形を変えるが，それが再びもとの形に戻るまでにかかる時間を周期という．すなわち u のことばで言うと，周期が T であるというのは，すべての (t, r, θ) に対して

$$u(t + T, r, \theta) = u(t, r, \theta)$$

が成り立つということである．(6.26) を見ると，時間 t を変数としているのは $\cos \left(\frac{cp_j}{R} t + \tau \right)$ の部分なので，周期を T とすると

$$\cos \left(\frac{cp_j}{R} (t + T) + \tau \right) = \cos \left(\frac{cp_j}{R} t + \tau \right)$$

がすべての t について成り立つ．このことから

$$\frac{cp_j}{R} T = 2\pi, \qquad T = 2\pi \frac{R}{cp_j}$$

を得る．この周期 T は p_j に応じて決まるので，T_j と表すことにしよう：

$$T_j = 2\pi \frac{R}{cp_j} \tag{6.27}$$

周波数は 1 秒間に振動する回数であるから，1 回の振動にかかる時間である周期の逆数である．よって今の場合の周波数は

$$\frac{1}{T_j} = \frac{cp_j}{2\pi R}$$

となる．

この表示から，太鼓の半径 R が大きいほど周波数の値は小さくなり，低い音が出ることがわかる．

ここまでは (6.5), (6.6) の解として変数分離形 (6.7) をしたものを求めてきたが，これは特別な解にすぎない．一般の解については，変数分離解の (無限個の) 線形結合で表されることが知られている．この事実の証明は難しいので本書では触れないが，解の線形結合がまた解になることについては，定理 3.1 と同様に容易に示される．

すると実際の太鼓の音は，周期 $T_1, T_2, T_3, \cdots$ の音の重ね合わせになっている．1 つ 1 つの音は周波数が決まるのではっきりした音程を持っていたのだが，それらの音が一斉に鳴った場合の音程がどうなるかを考えよう．

比較するための例として，弦の振動を考える．弦の音はやはり (6.27) の形の周期を持つ音の重ね合わせになる．ただしこの場合には，ベッセル関数 $J_n(x)$ の果たす役割を，$\sin x$ が果たす．したがって $p_1, p_2, p_3, \cdots$ は $\sin x$ の零点を並べたものとなり，

$$p_1 = \pi,\, p_2 = 2\pi, \cdots, p_j = j\pi, \cdots$$

となっている．このことから

$$T_j = \frac{1}{j} T_1 \tag{6.28}$$

を得るが，これを $jT_j = T_1$ と読むと，周期 T_j の音は T_1 をも周期にしていることがわかる．つまり $T_1, T_2, T_3, \cdots$ を周期とする振動はすべて，時間 T_1 が経過するともとの形に戻るのである．よって重ね合わせた音の周期は T_1 となり，周波数 $\dfrac{1}{T_1}$ の音程の音となる．

一方ベッセル関数の零点は，図 5.1 を見るとわかるように等間隔には並んでいない．このため (6.28) のような周期間の単純な関係は成り立たず，重ね合わせた音が 1 つの共通の周期を持つことはない．したがって太鼓の音にははっきりした音程が感じられないのである．

評語的に言えば，ベッセル関数の零点が等間隔に並んでいないため，太鼓の音には音程がないということになる．

問の解答

問 1.1 略

問 1.2 略

問 2.1 略

問 3.1 $y_1(x), y_2(x), \cdots, y_k(x)$ を解とすると，ある定数 $b_1, b_2, \cdots, b_k$ により

$$y_1(x) = b_1 e^{P(x)}, y_2(x) = b_2 e^{P(x)}, \cdots, y_k(x) = b_k e^{P(x)}$$

と表せるので，定数 $c_1, c_2, \cdots, c_k$ に対して

$$c_1 y_1(x) + c_2 y_2(x) + \cdots + c_k y_k(x) = (c_1 b_1 + c_2 b_2 + \cdots + c_k b_k) e^{P(x)}$$

となる．よってこれも解となる．

問 3.2 y_3, y_4 のロンスキアンが 0 にならないことを言えばよい．

$$\begin{aligned} W(y_3, y_4) &= \begin{vmatrix} e^{ux} \cos vx & e^{ux} \sin vx \\ e^{ux}(u \cos vx - v \sin vx) & e^{ux}(u \sin vx + v \cos vx) \end{vmatrix} \\ &= e^{2ux} \begin{vmatrix} \cos vx & \sin vx \\ -v \sin vx & v \cos vx \end{vmatrix} \\ &= v e^{2ux} \end{aligned}$$

$v \neq 0$ より $W(y_3, y_4) \neq 0$ となる．

問 3.3 y_1, y_2 のロンスキアンが 0 にならないことを言えばよい．

$$W(y_1, y_2) = \begin{vmatrix} e^{\alpha x} & x e^{\alpha x} \\ \alpha e^{\alpha x} & (1 + \alpha x) e^{\alpha x} \end{vmatrix}$$

$$= e^{2\alpha x}\begin{vmatrix} 1 & x \\ \alpha & 1+\alpha x \end{vmatrix}$$

$$= e^{2\alpha x} \neq 0$$

問 3.4（1） 関数 $f(x)$ に対して,

$$\begin{aligned}(D-\alpha_1)(D-\alpha_2)f &= (D-\alpha_1)(f'-\alpha_2 f)\\ &= D(f'-\alpha_2 f)-\alpha_1(f'-\alpha_2 f)\\ &= f''-(\alpha_2' f+\alpha_2 f')-\alpha_1 f'+\alpha_1\alpha_2 f\\ &= f''-(\alpha_1+\alpha_2)f'+\alpha_1\alpha_2 f-\alpha_2' f\\ &= [D^2-(\alpha_1+\alpha_2)D+\alpha_1\alpha_2]f-\alpha_2' f\end{aligned}$$

よって $\alpha_2' \neq 0$ のときは

$$(D-\alpha_1)(D-\alpha_2) \neq D^2-(\alpha_1+\alpha_2)D+\alpha_1\alpha_2$$

（2） $l=0,1,2,\cdots$ に対して

$$y_{k+1}^{(l)}(x) = \frac{d^l}{dx^l}(x^k e^{\alpha x}) = g_{kl}(x)e^{\alpha x}$$

により $g_{kl}(x)$ を定めると,

$$g_{k0}(x) = x^k$$

$$g_{k,l+1}(x) = g_{kl}'(x)+\alpha g_{kl}(x)$$

が成り立つ．$y_1, y_2, \cdots, y_n$ のロンスキアンは

$$W(y_1, y_2, \cdots, y_n)$$

$$= \begin{vmatrix} e^{\alpha x} & g_{10}e^{\alpha x} & g_{20}e^{\alpha x} & \cdots & g_{n-1,0}e^{\alpha x} \\ \alpha e^{\alpha x} & g_{11}e^{\alpha x} & g_{21}e^{\alpha x} & \cdots & g_{n-1,1}e^{\alpha x} \\ \alpha^2 e^{\alpha x} & g_{12}e^{\alpha x} & g_{22}e^{\alpha x} & \cdots & g_{n-1,2}e^{\alpha x} \\ \vdots & \vdots & \vdots & & \vdots \\ \alpha^{n-1}e^{\alpha x} & g_{1,n-1}e^{\alpha x} & g_{2,n-1}e^{\alpha x} & \cdots & g_{n-1,n-1}e^{\alpha x} \end{vmatrix}$$

となる．第 $l+1$ 行に第 l 行の $-\alpha$ 倍を加えると，$g_{kl}(x)$ の漸化式により

$$W(y_1, y_2, \cdots, y_n) = \begin{vmatrix} e^{\alpha x} & g_{10}e^{\alpha x} & g_{20}e^{\alpha x} & \cdots & g_{n-1,0}e^{\alpha x} \\ 0 & g'_{10}e^{\alpha x} & g'_{20}e^{\alpha x} & \cdots & g'_{n-1,0}e^{\alpha x} \\ 0 & g''_{10}e^{\alpha x} & g''_{20}e^{\alpha x} & \cdots & g''_{n-1,0}e^{\alpha x} \\ \vdots & \vdots & \vdots & & \vdots \\ 0 & g^{(n-1)}_{10}e^{\alpha x} & g^{(n-1)}_{20}e^{\alpha x} & \cdots & g^{(n-1)}_{n-1,0}e^{\alpha x} \end{vmatrix}$$

となることがわかる．$g_{k0}(x) = x^k$ だったので，

$$g^{(l)}_{k0} = \begin{cases} k! & (l = k) \\ 0 & (l > k) \end{cases}$$

である．したがって

$$\begin{aligned} W(y_1, y_2, \cdots, y_n) &= \begin{vmatrix} e^{\alpha x} & xe^{\alpha x} & x^2e^{\alpha x} & \cdots & x^{n-1}e^{\alpha x} \\ 0 & 1!e^{\alpha x} & \cdots & \cdots & \vdots \\ 0 & 0 & 2!e^{\alpha x} & \cdots & \vdots \\ & & & \ddots & \vdots \\ 0 & & & & (n-1)!e^{\alpha x} \end{vmatrix} \\ &= 1!2!\cdots(n-1)!e^{n\alpha x} \\ &\neq 0 \end{aligned}$$

問 3.5　(1)　$y_1(x), y_2(x), y_3(x)$ を付随する同次微分方程式の基本解系とし，$y(x) = c_1(x)y_1(x) + c_2(x)y_2(x) + c_3(x)y_3(x)$ とおく．付加条件として

$$c'_1y_1 + c'_2y_2 + c'_3y_3 = 0$$

$$c'_1y'_1 + c'_2y'_2 + c'_3y'_3 = 0$$

を課すと，微分方程式に代入した結果として

$$p_0(c'_1y''_1 + c'_2y''_2 + c'_3y''_3) = q$$

を得る．これらより

$$\begin{pmatrix} y_1 & y_2 & y_3 \\ y_1' & y_2' & y_3' \\ y_1'' & y_2'' & y_3'' \end{pmatrix} \begin{pmatrix} c_1' \\ c_2' \\ c_3' \end{pmatrix} = \begin{pmatrix} 0 \\ 0 \\ \frac{q}{p_0} \end{pmatrix}$$

が得られるので，これを解いて c_1', c_2', c_3' を求め，さらに不定積分を行って c_1, c_2, c_3 を求めればよい．

（2）　$y(x) = c_1(x)y_1(x) + c_2(x)y_2(x) + \cdots + c_n(x)y_n(x)$ とおき，付加条件

$$c_1'y_1 + c_2'y_2 + \cdots + c_n'y_n = 0$$

$$c_1'y_1' + c_2'y_2' + \cdots + c_n'y_n' = 0$$

$$\cdots$$

$$c_1'y_1^{(n-2)} + c_2'y_2^{(n-2)} + \cdots + c_n'y_n^{(n-2)} = 0$$

を課す．すると上と同様に

$$\begin{pmatrix} y_1 & y_2 & \cdots & y_n \\ y_1' & y_2' & \cdots & y_n' \\ \vdots & \vdots & & \vdots \\ y_1^{(n-1)} & y_2^{(n-1)} & \cdots & y_n^{(n-1)} \end{pmatrix} \begin{pmatrix} c_1' \\ c_2' \\ \vdots \\ c_n' \end{pmatrix} = \begin{pmatrix} 0 \\ \vdots \\ 0 \\ \frac{q}{p_0} \end{pmatrix}$$

が得られ，これを解いて $c_1', c_2', \cdots, c_n'$ が求まるので，さらに不定積分により $c_1, c_2, \cdots, c_n$ を求めればよい．

問 3.6　A は上三角行列なので，固有値は対角成分である 1, 3 であることがわかる．1 に属する固有ベクトルとして $\begin{pmatrix} 1 \\ 0 \end{pmatrix}$，3 に属する固有ベクトルとして $\begin{pmatrix} 1 \\ 1 \end{pmatrix}$ がとれるので，

$$A = P \begin{pmatrix} 1 & \\ & 3 \end{pmatrix} P^{-1}, \quad P = \begin{pmatrix} 1 & 1 \\ 0 & 1 \end{pmatrix}$$

となる．したがって

$$
\begin{aligned}
e^A &= P\begin{pmatrix} e & \\ & e^3 \end{pmatrix}P^{-1} \\
&= \begin{pmatrix} 1 & 1 \\ 0 & 1 \end{pmatrix}\begin{pmatrix} e & \\ & e^3 \end{pmatrix}\begin{pmatrix} 1 & -1 \\ 0 & 1 \end{pmatrix} \\
&= \begin{pmatrix} e & e^3 - e \\ 0 & e^3 \end{pmatrix}
\end{aligned}
$$

を得る．

問 4.1　(i)　$\max\{|v_1|, |v_2|, \cdots, |v_n|\} = |v_k|$, $\max\{|w_1|, |w_2|, \cdots, |w_n|\} = |w_l|$ となっていたとする．したがって $|\boldsymbol{v}| = |v_k|$, $|\boldsymbol{w}| = |w_l|$ である．このとき

$$
\begin{aligned}
|\boldsymbol{v} + \boldsymbol{w}| &= \max\{|v_1 + w_1|, |v_2 + w_2|, \cdots, |v_n + w_n|\} \\
&= |v_m + w_m| \\
&\leq |v_m| + |w_m| \\
&\leq |v_k| + |w_l| \\
&= |\boldsymbol{v}| + |\boldsymbol{w}|
\end{aligned}
$$

(ii)　$|\boldsymbol{v}| = |v_k|$ とすると，

$$
\begin{aligned}
|c\boldsymbol{v}| &= \max\{|cv_1|, |cv_2|, \cdots, |cv_n|\} \\
&= \max\{|c||v_1|, |c||v_2|, \cdots, |c||v_n|\} \\
&= |c||v_k| \\
&= |c||\boldsymbol{v}|
\end{aligned}
$$

(iii)　すべての j について

$$
0 \leq |v_j| \leq |\boldsymbol{v}| = 0
$$

なので，これより $|v_j| = 0$，したがって $v_j = 0$，したがって $\boldsymbol{v} = \boldsymbol{0}$ となる．

逆は明らか.

問 4.2　すべての j について (4.5) が成り立つので

$$|\boldsymbol{f}(x,\boldsymbol{y})-\boldsymbol{f}(x,\bar{\boldsymbol{y}})| \leq L\sum_{k=1}^{n}|y_k-\bar{y}_k|$$

となる. また一方 $|y_k-\bar{y}_k| \leq |\boldsymbol{y}-\bar{\boldsymbol{y}}|$ より,

$$L\sum_{k=1}^{n}|y_k-\bar{y}_k| \leq L\sum_{k=1}^{n}|\boldsymbol{y}-\bar{\boldsymbol{y}}| = nL|\boldsymbol{y}-\bar{\boldsymbol{y}}|$$

となることから (4.8) を得る.

問 5.1　$\dfrac{d^n}{dx^n}(x^2-1)^n$ について考える.

$$(x^2-1)^n=(x-1)^n(x+1)^n=(x-1)\cdots(x-1)(x+1)\cdots(x+1)$$

なので, これを n 回微分すると, これら $2n$ 個の因子のうちの n 個を取り除いた n 次式たちの和が得られる. それらの n 次式のうちで $(x-1)$ を因子に含むものについては, $x=1$ を代入することで 0 になる. したがって $P_n(1)$ に寄与するのは $(x-1)$ を因子に含まないもの, すなわち $(x+1)^n$ のみである. その係数は $\dfrac{d^n}{dx^n}(x-1)^n=n!$ である. 以上の考察から

$$\begin{aligned}
P_n(1) &= \frac{1}{2^n n!}\times n![(x+1)^n]_{x=1} \\
&= \frac{1}{2^n n!}\cdot n!2^n \\
&= 1
\end{aligned}$$

を得る.

章末問題の解答

第 2 章

(以下の解答中の C は任意定数を表す)

1. (1) $y = \displaystyle\int \frac{2}{x^2-1}\,dx = \int \left(\frac{1}{x-1} - \frac{1}{x+1}\right) dx = \log\left|\frac{x-1}{x+1}\right| + C$

(2) $$y = \int \frac{x^3+1}{x^2-3x+2}\,dx = \int \left(x + 3 + \frac{9}{x-2} - \frac{2}{x-1}\right) dx$$
$$= \frac{x^2}{2} + 3x + 9\log|x-2| - 2\log|x-1| + C$$

(3) $$y = \int \frac{ax+b}{x-x^2}\,dx = \int \left(\frac{b}{x} + \frac{a+b}{1-x}\right) dx$$
$$= b\log|x| - (a+b)\log|1-x| + C$$

(4) $$y = \int \frac{2}{x^2+1}\,dx = 2\tan^{-1} x + C$$

(5) $$y = \int \frac{x}{x^2+x+1}\,dx = \int \frac{\frac{1}{2}(x^2+x+1)' - \frac{1}{2}}{x^2+x+1}\,dx$$
$$= \frac{1}{2}\log(x^2+x+1) - \frac{2}{3}\int \frac{dx}{1+\left(\frac{2}{\sqrt{3}}\left(x+\frac{1}{2}\right)\right)^2}$$
$$= \frac{1}{2}\log(x^2+x+1) - \frac{1}{\sqrt{3}}\tan^{-1}\frac{2}{\sqrt{3}}\left(x+\frac{1}{2}\right) + C$$

(6)　$$y = \int \frac{dx}{(x^2+1)^2} = \int \frac{(x^2+1)-x^2}{(x^2+1)^2}\,dx$$
$$= \tan^{-1} x + \frac{1}{2}\int x\left(\frac{1}{x^2+1}\right)' dx$$
$$= \frac{1}{2}\tan^{-1} x + \frac{x}{2(x^2+1)} + C$$

(7)　$2x-1=t$ とおくと
$$y = \int \sqrt{2x-1}\,dx = \int \sqrt{t}\,\frac{dt}{2} = \frac{1}{3}t^{\frac{3}{2}} + C = \frac{1}{3}(2x-1)^{\frac{3}{2}} + C$$

(8)　$\sqrt{\dfrac{x-1}{x+1}} = t$ とおくと $x = \dfrac{1+t^2}{1-t^2}$, $dx = \dfrac{4t}{(1-t^2)^2}\,dt$
$$y = \int \sqrt{\frac{x-1}{x+1}}\,dx = \int \frac{4t^2}{(1-t^2)^2}\,dt$$
$$= \int \left(\frac{1}{(1-t)^2} + \frac{1}{(1+t)^2} - \frac{2}{1-t^2}\right) dt$$
$$= -\frac{1}{t-1} - \frac{1}{t+1} - \log\left|\frac{1+t}{1-t}\right|$$
$$= \sqrt{x^2-1} - \log\frac{\sqrt{x+1}+\sqrt{x-1}}{\sqrt{x+1}-\sqrt{x-1}} + C$$

(9)　$ax=t$ とおくと
$$y = \int \frac{dx}{\sqrt{1-a^2x^2}} = \int \frac{1}{\sqrt{1-t^2}}\frac{dt}{a} = \frac{1}{a}\sin^{-1} ax + C$$

(10)　$\sqrt{x^2+1} = t-x$ により置換積分．$x = \dfrac{t^2-1}{2t}$，$\sqrt{x^2+1} = \dfrac{t^2+1}{2t}$，

$dx = \dfrac{t^2+1}{2t^2}\,dt$
$$y = \int \sqrt{x^2+1}\,dx = \int \frac{t^2+1}{2t}\frac{t^2+1}{2t^2}\,dt = \int \left(\frac{t}{4} + \frac{1}{2t} + \frac{1}{4t^3}\right) dt$$
$$= \frac{t^2}{8} + \frac{1}{2}\log|t| - \frac{1}{8t^2} + C$$
$$= \frac{1}{8}(\sqrt{x^2+1}+x)^2 + \frac{1}{2}\log(\sqrt{x^2+1}+x) - \frac{1}{8(\sqrt{x^2+1}+x)^2} + C$$

(11)　$y = \int \log x\,dx = \int (x)' \log x\,dx = x\log x - x + C$

(12)　$y = \int \cos 2x\,dx = \dfrac{1}{2}\sin 2x + C$

(13)　$\cos x = t$ とおくと

$$y = \int \tan x\,dx = \int \frac{\sin x}{\cos x}\,dx = \int \frac{-dt}{t} = -\log|\cos x| + C$$

(14)　$\cos x = t$ とおくと

$$\begin{aligned} y &= \int \sin^3 x\,dx = \int (1-\cos^2 x)\sin x\,dx \\ &= \int (1-t^2)(-dt) = \frac{t^3}{3} - t + C \\ &= \frac{\cos^3 x}{3} - \cos x + C \end{aligned}$$

(15)　$y = \int \sin^{-1} x\,dx = \int (x)' \sin^{-1} x\,dx = x\sin^{-1} x - \int \dfrac{x}{\sqrt{1-x^2}}\,dx$

$$= x\sin^{-1} x + \sqrt{1-x^2} + C$$

(16)　$x \geq 0$ のとき $y = \int \sqrt{x}\,dx = \dfrac{2}{3}x^{\frac{3}{2}} + C_1$, $x < 0$ のとき $y = C_2$, $x = 0$ で連続であることから $C_1 = C_2$．以上より $y = \begin{cases} \dfrac{2}{3}x^{\frac{3}{2}} + C & (x \geq 0), \\ C & (x < 0) \end{cases}$

2. (1)　$\dfrac{dy}{y} = x\,dx$, $\log|y| = \dfrac{x^2}{2} + C'$, $\pm e^{C'} = C$ とおいて $y = Ce^{\frac{x^2}{2}}$

(2)　$\dfrac{dy}{y^b} = x^a\,dx$, $\dfrac{y^{1-b}}{1-b} = \dfrac{x^{a+1}}{a+1} + C'$, $y^{1-b} = \dfrac{1-b}{a+1}x^{a+1} + C$

(3)　$\dfrac{dy}{e^y} = e^x\,dx$, $-e^{-y} = e^x + C$, $y = \log\left(-\dfrac{1}{e^x + C}\right)$

(4)　$y\,dy = \sin x\,dx$, $\dfrac{y^2}{2} = -\cos x + C'$, $y^2 = -2\cos x + C$

(5)　$\dfrac{dy}{y+1} = dx,\ \log|y+1| = x + C',\ y = Ce^x - 1$

(6)　$\dfrac{dy}{y^2-3y+2} = dx,\ \dfrac{1}{3}\log\left|\dfrac{y-2}{y-1}\right| = x + C',\ \dfrac{y-2}{y-1} = Ce^{3x},$

$y = \dfrac{Ce^{3x}-2}{Ce^{3x}-1}$

(7)　$\dfrac{dy}{y^2+1} = dx,\ \tan^{-1} y = x + C,\ y = \tan(x + C)$

(8)　$\dfrac{dy}{y^2+y+1} = dx,\ \dfrac{2}{\sqrt{3}}\tan^{-1}\dfrac{2}{\sqrt{3}}\left(y+\dfrac{1}{2}\right) = x + C',$

$y = \dfrac{\sqrt{3}}{2}\tan\left(\dfrac{\sqrt{3}}{2}x + C\right) - \dfrac{1}{2}$

(9)　$\dfrac{dy}{y^2+1} = x\,dx,\ \tan^{-1} y = \dfrac{x^2}{2} + C,\ y = \tan\left(\dfrac{x^2}{2} + C\right)$

(10)　$(y^3+1)\,dy = (x^2+x+1)\,dx,\ \dfrac{y^4}{4} + y = \dfrac{x^3}{3} + \dfrac{x^2}{2} + x + C$

(11)　$\dfrac{dy}{y^2+y+1} = \dfrac{dx}{x^2+x+1},$

$\dfrac{2}{\sqrt{3}}\tan^{-1}\left(\dfrac{2}{\sqrt{3}}\left(y+\dfrac{1}{2}\right)\right) = \dfrac{2}{\sqrt{3}}\tan^{-1}\left(\dfrac{2}{\sqrt{3}}\left(x+\dfrac{1}{2}\right)\right) + C',$

$y = \tan\left(\dfrac{2}{\sqrt{3}}\tan^{-1}\dfrac{2}{\sqrt{3}}\left(x+\dfrac{1}{2}\right) + C\right) - \dfrac{1}{2}$

(12)　$\dfrac{dy}{\sqrt{1-y^2}} = x^2\,dx,\ \sin^{-1} y = \dfrac{x^3}{3} + C,\ y = \sin\left(\dfrac{x^3}{3} + C\right)$

(13)　$\dfrac{dy}{\tan y} = dx,\ \log|\sin y| = x + C',\ \sin y = Ce^x$

(14)　$\dfrac{dy}{\cos y} = \sin x\,dx,\ \sin y = t$ とおくと $\cos y\,dy = dt,$

$\displaystyle\int \frac{dy}{\cos y} = \int \frac{dt}{\cos^2 y} = \int \frac{dt}{1-t^2} = \frac{1}{2}\log\left|\frac{1+t}{1-t}\right| = \frac{1}{2}\log\frac{1+\sin y}{1-\sin y}$ となる

ので

$$\frac{1}{2}\log\frac{1+\sin y}{1-\sin y} = -\cos x + C',\ \frac{1+\sin y}{1-\sin y} = Ce^{-2\cos x},$$

$$\sin y = \frac{Ce^{-2\cos x}-1}{Ce^{-2\cos x}+1}$$

(15)　$(1+\tan^2 y)\,dy = x\,dx,\ \tan y = \dfrac{x^2}{2} + C$

(16)　$x \geq 0$ のとき $y' = xy,\ \dfrac{dy}{y} = x\,dx,\ \log|y| = \dfrac{x^2}{2} + C_1',\ y = C_1 e^{\frac{x^2}{2}}$.
$x < 0$ のとき $y' = -xy$, 同様にして $y = C_2 e^{-\frac{x^2}{2}}$. $x = 0$ で y が連続となることから $C_1 = C_2$. 以上により $y = \begin{cases} Ce^{\frac{x^2}{2}} & (x \geq 0), \\ Ce^{-\frac{x^2}{2}} & (x < 0) \end{cases}$

3.　$u = \dfrac{y}{x}$ とおくと $y' = u + xu'$ となる.

(1)　$u + xu' = u^2 + u - 1,\ xu' = u^2 - 1,\ \dfrac{du}{u^2-1} = \dfrac{dx}{x},$

$$\frac{1}{2}\log\left|\frac{u-1}{u+1}\right| = \log|x| + C',\ \frac{u-1}{u+1} = Cx^2,\ u = \frac{1+Cx^2}{1-Cx^2},$$

$$y = \frac{x(1+Cx^2)}{1-Cx^2}$$

(2)　$u + xu' = u + \dfrac{1}{u},\ xu' = \dfrac{1}{u},\ u\,du = \dfrac{dx}{x},\ \dfrac{u^2}{2} = \log|x| + C',$

$$y^2 = x^2(\log x^2 + C)$$

(3)　$\dfrac{xy}{x^2+y^2} = \dfrac{u}{1+u^2}$ より $u + xu' = \dfrac{u}{1+u^2},\ xu' = \dfrac{-u^3}{1+u^2},$

$$\frac{u^2+1}{u^3}\,du = -\frac{dx}{x},\ \log|u| - \frac{1}{2u^2} = -\log|x| + C',\ \log|ux| = \frac{1}{2u^2} + C',$$

$$\log|y| = \frac{x^2}{2y^2} + C',\ y = Ce^{\frac{x^2}{2y^2}}$$

(4)　$u + xu' = u^2 - 2,\ xu' = u^2 - u - 2,\ \dfrac{du}{u^2-u-2} = \dfrac{dx}{x},$

$$\frac{1}{3}\log\left|\frac{u-2}{u+1}\right| = \log|x| + C',\ \frac{u-2}{u+1} = Cx^3,\ y = \frac{x(Cx^3+2)}{1-Cx^3}$$

4. (1)　$y = -\dfrac{u'}{u}$ とおくと

$$-\frac{u''}{u} + \frac{(u')^2}{u^2} = \frac{(u')^2}{u^2} - p\frac{u'}{u} + q$$

これより $u'' - pu' + qu = 0$

(2)　$y = \dfrac{u'}{u}$ とおくと

$$\frac{u''}{u} - \frac{(u')^2}{u^2} = x^2 - \frac{(u')^2}{u^2}$$

これより $u'' - x^2u = 0$

(3)　$y = -\dfrac{1}{x^2}\dfrac{u'}{u}$ とおくと

$$\frac{2}{x^3}\frac{u'}{u} - \frac{1}{x^2}\frac{u''}{u} + \frac{1}{x^2}\frac{(u')^2}{u^2} = x^2\cdot\frac{1}{x^4}\frac{(u')^2}{u^2} - 1$$

これより $xu'' - 2u' - x^3u = 0$

5. (1)　$\dfrac{dy}{y(1-y)} = dx$, $\log\left|\dfrac{y}{1-y}\right| = x + C'$, $\dfrac{y}{1-y} = \pm e^{C'}e^x$, $\pm e^{C'} = C$ とおくと $y = \dfrac{Ce^x}{1+Ce^x}$, 初期条件 $y(0) = 2$ より $C = \dfrac{2}{1-2} = -2$, したがって求める解は $y = \dfrac{-2e^x}{1-2e^x} = \dfrac{2e^x}{2e^x-1}$

(2)　一般解は (1) と同じ．初期条件より $C = -\dfrac{1}{2}$, したがって求める解は $y = \dfrac{e^x}{e^x-2}$

(3)　$\dfrac{dy}{y} = \sin x\,dx$, $\log|y| = -\cos x + C'$, $y = \pm e^{C'}e^{-\cos x}$, $\pm e^{C'} = C$

とおく．初期条件より $C=-3$, したがって求める解は $y=-3e^{-\cos x}$

(4)　$\dfrac{dy}{y}=\dfrac{dx}{2(x-1)}$, $\log|y|=\dfrac{1}{2}\log|x-1|+C'$, $y=\pm e^{C'}|x-1|^{\frac{1}{2}}$, $x=0$ で初期値が与えられているから，$x=0$ は定義域に入る．よって $|x-1|=1-x$ で，$y=C\sqrt{1-x}$, 初期条件より $C=1$, したがって求める解は $y=\sqrt{1-x}$

(5)　$y\,dy=\log x\,dx$, $\dfrac{y^2}{2}=x\log x-x+C$, $y=\pm\sqrt{2(x\log x-x+C)}$, 初期値が $-2<0$ だから $\pm$ は $-$ で $y=-\sqrt{2(x\log x-x+C)}$, 初期条件より $C=3$, したがって求める解は $y=-\sqrt{2(x\log x-x+3)}$

(6)　$\dfrac{dy}{y^3}=dx$, $-\dfrac{1}{2y^2}=x+C$, $y=\pm\sqrt{-\dfrac{1}{2(x+C)}}$, 初期値が $3>0$ だから $\pm$ は $+$ で $y=\sqrt{-\dfrac{1}{2(x+C)}}$, 初期条件より $C=-\dfrac{19}{18}$, したがって求める解は $y=\dfrac{3}{\sqrt{19-18x}}$

第3章

(以下の解答中の C, C_1, C_2 は任意定数を表す)

1. (1)　$t^2-2t-3=0$ より $t=-1,3$, よって基本解系は $\{e^{-x},e^{3x}\}$

(2)　$\{e^{-x},e^{-2x}\}$

(3)　$\{e^{(5+\sqrt{17})x/2},e^{(5-\sqrt{17})x/2}\}$

(4)　$\{e^{x},e^{x/2}\}$

(5)　$\{e^{(1+\sqrt{13})x/6},e^{(1-\sqrt{13})x/6}\}$

(6)　$\{e^{x},e^{-x}\}$

(7)　$t^2+1=0$ より $t=\pm i$, e^{ix}, e^{-ix} の線形結合を取ることで，基本解系として $\{\cos x, \sin x\}$

(8)　$t^2+t+1=0$ より $t=\dfrac{-1\pm\sqrt{3}i}{2}$, $e^{(-1+\sqrt{3}i)x/2}, e^{(-1-\sqrt{3}i)x/2}$ の線形結合を取ることで，基本解系として $\left\{e^{-x/2}\cos\dfrac{\sqrt{3}}{2}x, e^{-x/2}\sin\dfrac{\sqrt{3}}{2}x\right\}$

(9)　$2t^2-t+2=0$ より $t=\dfrac{1\pm\sqrt{15}i}{4}$,
基本解系として $\left\{e^{x/4}\cos\dfrac{\sqrt{15}}{4}x, e^{x/4}\sin\dfrac{\sqrt{15}}{4}x\right\}$

(10)　$t^2+2t+3=0$ より $t=-1\pm\sqrt{2}i$, 基本解系として $\{e^{-x}\cos\sqrt{2}x, e^{-x}\sin\sqrt{2}x\}$

(11)　明らかに $\{1, x\}$

(12)　$t^2-2t+1=(t-1)^2=0$ より $t=1$（重解），基本解系として $\{e^x, xe^x\}$

(13)　$t^2+4t+4=(t+2)^2=0$ より $t=-2$（重解），基本解系として $\{e^{-2x}, xe^{-2x}\}$

(14)　$\{e^{(1+\sqrt{2})x}, e^{(-1+\sqrt{2})x}\}$

2. (1)　一般解は $y(x)=c_1e^{-x}+c_2e^{3x}$ とおける．$y'(x)=-c_1e^{-x}+3c_2e^{3x}$, 初期条件より $c_1+c_2=1, -c_1+3c_2=2$, これを解いて $c_1=\dfrac{1}{4}, c_2=\dfrac{3}{4}$, よって求める解は $y(x)=\dfrac{1}{4}e^{-x}+\dfrac{3}{4}e^{3x}$

(2)　$y(x)=4e^{-x}-3e^{-2x}$

(3)　$y(x)=\left(\dfrac{1}{2}-\dfrac{1}{2\sqrt{17}}\right)e^{(5+\sqrt{17})x/2}+\left(\dfrac{1}{2}+\dfrac{1}{2\sqrt{17}}\right)e^{(5-\sqrt{17})x/2}$

(4)　$y(x)=3e^x-2e^{\frac{x}{2}}$

(5)　$y(x)=\left(\frac{1}{2}+\frac{11}{2\sqrt{13}}\right)e^{(1+\sqrt{13})x/6}+\left(\frac{1}{2}-\frac{11}{2\sqrt{13}}\right)e^{(1-\sqrt{13})x/6}$

(6)　$y(x)=\frac{3}{2}e^{x}-\frac{1}{2}e^{-x}$

(7)　$y(x)=c_1\cos x+c_2\sin x$ とおくと，$y'(x)=-c_1\sin x+c_2\cos x$, 初期条件より $c_1=1, c_2=2$, $y(x)=\cos x+2\sin x$

(8)　$y(x)=c_1e^{-x/2}\cos\frac{\sqrt{3}}{2}x+c_2e^{-x/2}\sin\frac{\sqrt{3}}{2}x$ とおくと，$y(0)=1$ より $c_1=1$,

$$y'(x)=-\frac{1}{2}e^{-\frac{x}{2}}\cos\frac{\sqrt{3}}{2}x-e^{-\frac{x}{2}}\frac{\sqrt{3}}{2}\sin\frac{\sqrt{3}}{2}x \\ +c_2\left(-\frac{1}{2}e^{-\frac{x}{2}}\sin\frac{\sqrt{3}}{2}x+e^{-\frac{x}{2}}\frac{\sqrt{3}}{2}\cos\frac{\sqrt{3}}{2}x\right)$$

となるから $y'(0)=2$ より

$$c_2=\frac{5}{\sqrt{3}},\ y(x)=e^{-x/2}\cos\frac{\sqrt{3}}{2}x+\frac{5}{\sqrt{3}}e^{-x/2}\sin\frac{\sqrt{3}}{2}x$$

(9)　$y(x)=e^{x/4}\cos\frac{\sqrt{15}}{4}x+\frac{7}{\sqrt{15}}e^{x/4}\sin\frac{\sqrt{15}}{4}x$

(10)　$y(x)=e^{-x}\cos\sqrt{2}x+\frac{3}{\sqrt{2}}e^{-x}\sin\sqrt{2}x$

(11)　$y(x)=1+2x$

(12)　$y(x)=e^{x}+xe^{x}$

(13)　$y(x)=e^{-2x}+4xe^{-2x}$

(14)　$y(x)=\frac{3-\sqrt{2}}{2}e^{(1+\sqrt{2})x}+\frac{-1+\sqrt{2}}{2}e^{(-1+\sqrt{2})x}$

3.　基本解系が $\{e^{\alpha x},e^{\beta x}\}$ で与えられる場合，一般解は $y(x)=c_1e^{\alpha x}+c_2e^{\beta x}$，境界条件より $c_1+c_2=-1, c_1e^{\alpha}+c_2e^{\beta}=1$，これを解いて $c_1=\frac{e^{\beta}+1}{e^{\alpha}-e^{\beta}}, c_2=-\frac{e^{\alpha}+1}{e^{\alpha}-e^{\beta}}$，したがって求める解は $y(x)=\frac{e^{\beta}+1}{e^{\alpha}-e^{\beta}}e^{\alpha x}$

$-\dfrac{e^\alpha+1}{e^\alpha-e^\beta}e^{\beta x}$. (1)〜(6) および (14) についてはこれに当てはめればよい.

(7)　一般解は $y(x)=c_1\cos x+c_2\sin x$, 境界条件より $c_1=-1, c_1\cos 1+c_2\sin 1=1$, これを解いて $c_2=\dfrac{1+\cos 1}{\sin 1}$, 求める解は $y(x)=-\cos x+\dfrac{1+\cos 1}{\sin 1}\sin x$

(8)　$y(x)=-e^{-x/2}\cos\dfrac{\sqrt{3}}{2}x+\dfrac{e^{1/2}+\cos\dfrac{\sqrt{3}}{2}}{\sin\dfrac{\sqrt{3}}{2}}e^{-x/2}\sin\dfrac{\sqrt{3}}{2}x$

(9)　$y(x)=-e^{x/4}\cos\dfrac{\sqrt{15}}{4}x+\dfrac{e^{-1/4}+\cos\frac{\sqrt{15}}{4}}{\sin\frac{\sqrt{15}}{4}}e^{x/4}\sin\dfrac{\sqrt{15}}{4}x$

(10)　$y(x)=-e^{-x}\cos\sqrt{2}x+\dfrac{e+\cos\sqrt{2}}{\sin\sqrt{2}}e^{-x}\sin\sqrt{2}x$

(11)　一般解は $y(x)=c_1+c_2x$, 境界条件より $c_1=-1, c_1+c_2=1$, $y(x)=-1+2x$

(12)　$y(x)=-e^x+\dfrac{e+1}{e}xe^x$

(13)　$y(x)=-e^{-2x}+(e^2+1)xe^{-2x}$

4. (1)　$\{1,x,x^2\}$

(2)　$t^3+t^2=0$ より $t=0,0,-1$, よって基本解系は $\{1,x,e^{-x}\}$

(3)　$t^3+3t^2+t=0$ より $t=0, \dfrac{-3\pm\sqrt{5}}{2}$, よって基本解系は
$\{1, e^{(-3+\sqrt{5})x/2}, e^{(-3-\sqrt{5})x/2}\}$

(4)　$t^3-2t^2+2t-1=0$ より
$t=1, \dfrac{1\pm\sqrt{3}i}{2}$, $\left\{e^x, e^{x/2}\cos\dfrac{\sqrt{3}}{2}x, e^{x/2}\sin\dfrac{\sqrt{3}}{2}x\right\}$

(5)　$t^3-4t^2+5t-2=0$ より $t=1,1,2$, $\{e^x, xe^x, e^{2x}\}$

(6)　$t^4-4t^2+3=0$ より $t=\pm1, \pm\sqrt{3}$, $\{e^x, e^{-x}, e^{\sqrt{3}x}, e^{-\sqrt{3}x}\}$

(7)　$t^4+4t^2+4=(t^2+2)^2=0$ より $t=\sqrt{2}i$ (重解), $t=-\sqrt{2}i$ (重解), よって基本解系は $\{\cos\sqrt{2}x, \sin\sqrt{2}x, x\cos\sqrt{2}x, x\sin\sqrt{2}x\}$

(8)　$t^4+2t^3+3t^2+2t+1=(t^2+t+1)^2=0$ より $t=\dfrac{-1\pm\sqrt{3}i}{2}$ (重解), よって基本解系は

$$\left\{e^{-x/2}\cos\frac{\sqrt{3}}{2}x, e^{-x/2}\sin\frac{\sqrt{3}}{2}x, xe^{-x/2}\cos\frac{\sqrt{3}}{2}x, xe^{-x/2}\sin\frac{\sqrt{3}}{2}x\right\}$$

5. (1)　$y'-2y=0$ の一般解は $y(x)=ce^{2x}$, $c=c(x)$ として非同次方程式に代入すると (定数変化法) $c'e^{2x}=e^x$, $c'=e^{-x}$, これを解いて $c=-e^{-x}+C$, よって一般解は $y(x)=-e^x+Ce^{2x}$

(2)　$y'+3y=0$ より $y(x)=ce^{-3x}$, 定数変化法により $c'e^{-3x}=e^{2x}$, $c=\dfrac{1}{5}e^{5x}+C$, $y(x)=\dfrac{1}{5}e^{2x}+Ce^{-3x}$

(3)　定数変化法により $c'e^{2x}=x$, $c'=xe^{-2x}$, これを解いて
$c=-\dfrac{x}{2}e^{-2x}-\dfrac{1}{4}e^{-2x}+C$, $y(x)=-\dfrac{x}{2}-\dfrac{1}{4}+Ce^{2x}$

(4)　定数変化法により $c'e^{-x}=x^2$, $c'=x^2e^x$, $c=x^2e^x-2xe^x+2e^x+C$, $y(x)=x^2-2x+2+Ce^{-x}$

(5)　$y(x)=-1+Cc^{5x}$

(6)　$y(x)=-1+Ce^{x^2/2}$

(7)　$y'+p(x)y=0$ の一般解は $y(x)=ce^{-\int p(x)\,dx}$, 定数変化法により $c'=kp(x)e^{\int p(x)\,dx}$, これを解いて $c=ke^{\int p(x)\,dx}+C$, よって一般解は $y(x)=k+Ce^{-\int p(x)\,dx}$

(8)　$y'=y$ の一般解は $y(x)=ce^x$, 定数変化法により $c'e^x=|x|$, $x\geq 0$

のとき $c = -xe^{-x} - e^{-x} + C_1$, $x < 0$ のとき $c = xe^{-x} + e^{-x} + C_2$, $x = 0$ で連続ということから $-1 + C_1 = 1 + C_2$, $C_2 = C_1 - 2$, よって一般解は

$$y(x) = \begin{cases} -x - 1 + Ce^x & (x \geq 0), \\ x + 1 + (C-2)e^x & (x < 0) \end{cases}$$

(9)　$y' = \dfrac{1}{3x}y$ は変数分離形，一般解は $y(x) = cx^{\frac{1}{3}}$, 定数変化法により $c'x^{\frac{1}{3}} = x^{\frac{1}{2}}$, $c' = x^{\frac{1}{6}}$, これを解いて $c = \dfrac{6}{7}x^{\frac{7}{6}} + C$, よって一般解は

$$y(x) = \frac{6}{7}x^{\frac{3}{2}} + Cx^{\frac{1}{3}}$$

(10)　$y'' - 2y' + y = 0$ の一般解は $y(x) = c_1e^x + c_2xe^x$, $c_1 = c_1(x), c_2 = c_2(x)$ とする．$y' = c_1(e^x)' + c_2(xe^x)' + c_1'e^x + c_2'xe^x$, ここで $c_1'e^x + c_2'xe^x = 0$ とおく．このとき $y'' = c_1(e^x)'' + c_2(xe^x)'' + c_1'(e^x)' + c_2'(xe^x)'$, 非同次方程式にこれらを代入して，$c_1'(e^x)' + c_2'(xe^x)' = e^x$, これにより c_1', c_2' についての連立 1 次方程式が得られたので，それを解いて $c_1' = -x, c_2' = 1$．したがって $c_1 = -\dfrac{x^2}{2} + C_1, c_2 = x + C_2$, よって一般解は

$$y(x) = \left(-\frac{x^2}{2} + C_1\right)e^x + (x + C_2)xe^x = \frac{x^2}{2}e^x + C_1e^x + C_2xe^x$$

(11)　$y'' + 4y = 0$ の一般解は $y(x) = c_1\cos 2x + c_2\sin 2x$, 定数変化法により $c_1'\cos 2x + c_2'\sin 2x = 0, -2c_1'\sin 2x + 2c_2'\cos 2x = x$, 連立 1 次方程式を解いて $c_1' = -\dfrac{x}{2}\sin 2x$, $c_2' = \dfrac{x}{2}\cos 2x$, これを解いて $c_1 = \dfrac{x}{4}\cos 2x$ $-\dfrac{1}{8}\sin 2x + C_1$, $c_2 = \dfrac{x}{4}\sin 2x + \dfrac{1}{8}\cos 2x + C_2$, よって一般解は $y(x) = \dfrac{x}{4}$ $+C_1\cos 2x + C_2\sin 2x$

6．(1)

$$\begin{vmatrix} y & x^\alpha & x^\beta \\ y' & \alpha x^{\alpha-1} & \beta x^{\beta-1} \\ y'' & \alpha(\alpha-1)x^{\alpha-2} & \beta(\beta-1)x^{\beta-2} \end{vmatrix} = (\beta - \alpha)x^{\alpha+\beta-1}\left[y'' - \frac{\alpha+\beta-1}{x}y' + \frac{\alpha\beta}{x^2}y\right]$$

により，求める微分方程式は

$$y'' - \frac{\alpha + \beta - 1}{x} y' + \frac{\alpha\beta}{x^2} y = 0$$

となる．

(2)

$$\begin{vmatrix} y & x^\alpha & x^\beta & x^\gamma \\ y' & \alpha x^{\alpha-1} & \beta x^{\beta-1} & \gamma x^{\gamma-1} \\ y'' & \alpha(\alpha-1)x^{\alpha-2} & \beta(\beta-1)x^{\beta-2} & \gamma(\gamma-1)x^{\gamma-2} \\ y''' & \alpha(\alpha-1)(\alpha-2)x^{\alpha-3} & \beta(\beta-1)(\beta-2)x^{\beta-3} & \gamma(\gamma-1)(\gamma-2)x^{\gamma-3} \end{vmatrix}$$

$$= -(\alpha-\beta)(\beta-\gamma)(\gamma-\alpha)x^{\alpha+\beta+\gamma-3}$$

$$\times \left[y''' - \frac{\alpha+\beta+\gamma-3}{x} y'' + \frac{\alpha\beta+\beta\gamma+\gamma\alpha-\alpha-\beta-\gamma+1}{x^2} y' - \frac{\alpha\beta\gamma}{x^3} y \right]$$

により，求める微分方程式は

$$y''' - \frac{\alpha+\beta+\gamma-3}{x} y'' + \frac{\alpha\beta+\beta\gamma+\gamma\alpha-\alpha-\beta-\gamma+1}{x^2} y' - \frac{\alpha\beta\gamma}{x^3} y = 0$$

となる．

7. (1)　$e^{xA} = \begin{pmatrix} e^{-2x} & 0 \\ 0 & e^{4x} \end{pmatrix}$

(2)　A の固有値は $1, 2$, 固有ベクトルとしてそれぞれ $\begin{pmatrix} 1 \\ -1 \end{pmatrix}$, $\begin{pmatrix} 1 \\ 0 \end{pmatrix}$, よって $P = \begin{pmatrix} 1 & 1 \\ -1 & 0 \end{pmatrix}$ とおくと $A = P \begin{pmatrix} 1 & 0 \\ 0 & 2 \end{pmatrix} P^{-1}$, したがって

$$e^{xA} = P \begin{pmatrix} e^x & 0 \\ 0 & e^{2x} \end{pmatrix} P^{-1} = \begin{pmatrix} e^{2x} & e^{2x} - e^x \\ 0 & e^x \end{pmatrix}$$

(3)　A の固有値は $-1, 3$, 固有ベクトルを並べて $P = \begin{pmatrix} 1 & 1 \\ 2 & 3 \end{pmatrix}$,

$A = P \begin{pmatrix} -1 & 0 \\ 0 & 3 \end{pmatrix} P^{-1}$, これより $e^{xA} = \begin{pmatrix} 3e^{-x} - 2e^{3x} & -e^{-x} + e^{3x} \\ 6e^{-x} - 6e^{3x} & -2e^{-x} + 3e^{3x} \end{pmatrix}$

(4)　A の固有値は $1, 5$, $P = \begin{pmatrix} 1 & 4 \\ 1 & 3 \end{pmatrix}$, $e^{xA} = \begin{pmatrix} -3e^{x} + 4e^{5x} & 4e^{x} - 4e^{5x} \\ -3e^{x} + 3e^{5x} & 4e^{x} - 3e^{5x} \end{pmatrix}$

(5)　A の固有値は $0, 2$, $P = \begin{pmatrix} 1 & 1 \\ -1 & 1 \end{pmatrix}$, $e^{xA} = \begin{pmatrix} \dfrac{1 + e^{2x}}{2} & \dfrac{-1 + e^{2x}}{2} \\ \dfrac{-1 + e^{2x}}{2} & \dfrac{1 + e^{2x}}{2} \end{pmatrix}$

(6)　A の固有値は $\pm i$, $P = \begin{pmatrix} i & i \\ -1 & 1 \end{pmatrix}$,

$$e^{xA} = \begin{pmatrix} \dfrac{e^{ix} + e^{-ix}}{2} & \dfrac{e^{ix} - e^{-ix}}{2i} \\ -\dfrac{e^{ix} - e^{-ix}}{2i} & \dfrac{e^{ix} + e^{-ix}}{2} \end{pmatrix} = \begin{pmatrix} \cos x & \sin x \\ -\sin x & \cos x \end{pmatrix}$$

(7)　A の固有値は $\pm\sqrt{5}i$, $P = \begin{pmatrix} \dfrac{1 + \sqrt{5}i}{2} & \dfrac{1 - \sqrt{5}i}{2} \\ 1 & 1 \end{pmatrix}$,

$$e^{xA} = \begin{pmatrix} \cos\sqrt{5}x + \frac{1}{\sqrt{5}}\sin\sqrt{5}x & -\frac{3}{\sqrt{5}}\sin\sqrt{5}x \\ \frac{2}{\sqrt{5}}\sin\sqrt{5}x & \cos\sqrt{5}x - \frac{1}{\sqrt{5}}\sin\sqrt{5}x \end{pmatrix}$$

(8)　A の固有値は $-2, -2$, 固有空間は 1 次元なので対角化されない．固有ベクトル $\begin{pmatrix} 1 \\ 2 \end{pmatrix}$ と，それと独立なベクトルを用いて $P = \begin{pmatrix} 1 & 1 \\ 2 & 1 \end{pmatrix}$ を作ると，$P^{-1}AP = \begin{pmatrix} -2 & 1 \\ 0 & -2 \end{pmatrix}$ となる．例 3.5 にあるように右辺の行列の指数関数

は計算できる。その結果を用いると $e^{xA} = P\begin{pmatrix} e^{-2x} & xe^{-2x} \\ 0 & e^{-2x} \end{pmatrix} P^{-1}$

$$= \begin{pmatrix} e^{-2x} + 2xe^{-2x} & -xe^{-2x} \\ 4xe^{-2x} & e^{-2x} - 2xe^{-2x} \end{pmatrix}$$

(9)　A の固有値は $3, 2, -1$, 固有ベクトルを並べて $P = \begin{pmatrix} 1 & 0 & 1 \\ -1 & -1 & 2 \\ 2 & 1 & 0 \end{pmatrix}$,

$$e^{xA} = P\begin{pmatrix} e^{3x} & & \\ & e^{2x} & \\ & & e^{-x} \end{pmatrix} P^{-1}$$

$$= \begin{pmatrix} -e^{-x} + 2e^{3x} & e^{-x} - e^{3x} & e^{-x} - e^{3x} \\ -2e^{-x} + 4e^{2x} - 2e^{3x} & 2e^{-x} - 2e^{2x} + e^{3x} & 2e^{-x} - 3e^{2x} + e^{3x} \\ -4e^{2x} + 4e^{3x} & 2e^{2x} - 2e^{3x} & 3e^{2x} - 2e^{3x} \end{pmatrix}$$

(10)　A の固有値は $-1, 1, 1$, 固有値 1 に重複はあるが，その固有空間は 2 次元あるので A は対角化される．固有ベクトルを並べて $P = \begin{pmatrix} 1 & 4 & 3 \\ 1 & 0 & 5 \\ 1 & 5 & 0 \end{pmatrix}$,

$$e^{xA} = \begin{pmatrix} -\frac{5}{2}e^{-x} + \frac{7}{2}e^{x} & \frac{3}{2}e^{-x} - \frac{3}{2}e^{x} & 2e^{-x} - 2e^{x} \\ -\frac{5}{2}e^{-x} + \frac{5}{2}e^{x} & \frac{3}{2}e^{-x} - \frac{1}{2}e^{x} & 2e^{-x} - 2e^{x} \\ -\frac{5}{2}e^{-x} + \frac{5}{2}e^{x} & \frac{3}{2}e^{-x} - \frac{3}{2}e^{x} & 2e^{-x} - e^{x} \end{pmatrix}$$

8.　(1)　$t^2 + \lambda t + 1 = 0$ より $t = \dfrac{-\lambda \pm \sqrt{\lambda^2 - 4}}{2}$. $\lambda^2 - 4 \geq 0$ のとき，$\sqrt{\lambda^2 - 4}$ は実数で $\sqrt{\lambda^2 - 4} < |\lambda|$ なので，$\lambda > 0$ なら $-\lambda \pm \sqrt{\lambda^2 - 4} < 0$, $\lambda < 0$ なら $-\lambda \pm \sqrt{\lambda^2 - 4} > 0$. $t < 0$ のとき e^{tx} は $x \to +\infty$ のとき有界,

$t > 0$ のときは e^{tx} は $x \to +\infty$ で無限大に発散するので，$\lambda \geq 2$ ならすべての解が有界，$\lambda < -2$ ならすべての解が発散．$\lambda^2 - 4 < 0$ のとき，基本解系として $e^{-\frac{\lambda}{2}} \cos \dfrac{\sqrt{4-\lambda^2}}{2}, e^{-\frac{\lambda}{2}} \sin \dfrac{\sqrt{4-\lambda^2}}{2}$ が取れ，いずれの解も $\lambda \geq 0$ のとき $x \to +\infty$ で有界，$\lambda < 0$ のとき $x \to +\infty$ で発散となる．以上により求める条件は $\lambda \geq 0$.

(2)　(1) における考察より，求める条件は $\lambda \geq 0$.

(3)　$\lambda < 0$ のとき基本解系として $e^{\sqrt{|\lambda|}x}, e^{-\sqrt{|\lambda|}x}$, $\lambda = 0$ のとき基本解系として $1, x$, $\lambda > 0$ のとき基本解系として $\cos\sqrt{\lambda}x, \sin\sqrt{\lambda}x$ が取れる．すべての解が $x \to +\infty$ で有界であるためには，基本解系をなす 2 つの解が $x \to +\infty$ で有界であることが必要十分．したがって求める条件は $\lambda > 0$.

(4)　(3) で求めた基本解系を用いて考察する．$\lambda < 0$ のとき，一般解は $y(x) = c_1 e^{\sqrt{|\lambda|}x} + c_2 e^{-\sqrt{|\lambda|}x}$ と表される．境界条件 $y(0) = y(\pi) = 0$ を代入して $c_1 + c_2 = 0, c_1 e^{\sqrt{|\lambda|}\pi} + c_2 e^{-\sqrt{|\lambda|}\pi} = 0$, この連立 1 次方程式の係数行列の行列式は $1 \times e^{-\sqrt{|\lambda|}\pi} - 1 \times e^{\sqrt{|\lambda|}\pi} \neq 0$ なので，$c_1 = c_2 = 0$ を得る．$\lambda = 0$ のとき，一般解は $y(x) = c_1 + c_2 x$, 境界条件より $c_1 = 0, c_1 + c_2\pi = 0$, これより直ちに $c_1 = c_2 = 0$ を得る．$\lambda > 0$ のとき，一般解は $y(x) = c_1 \cos\sqrt{\lambda}x + c_2 \sin\sqrt{\lambda}x$, 条件 $y(0) = 0$ より $c_1 = 0$, この時点で $y(x) = c_2 \sin\sqrt{\lambda}x$, 残りの条件 $y(\pi) = 0$ より $c_2 \sin\sqrt{\lambda}\pi = 0$. $c_2 \neq 0$ となる解が存在するためには $\sin\sqrt{\lambda}\pi = 0$, このための条件は $\sqrt{\lambda}$ が整数となることである．$\lambda > 0$ としているので，求める条件として $\lambda = n^2$ $(n = 1, 2, 3, \cdots)$ が得られる．

9.　$t^2 - 2t + 1 = (t-1)^2 = 0$ より $t = 1$ (重解)．したがって基本解系として e^x, xe^x が取れる．一般解は $y(x) = c_1 e^x + c_2 x e^x$. 与えられた条件に代入すると，

$$c_1 e^a + c_2 a e^a = \alpha,\ c_1 e^b + c_2 b e^b = \beta.$$

これを c_1, c_2 についての連立 1 次方程式と見ると，係数行列の行列式は

$$\begin{vmatrix} e^a & ae^a \\ e^b & be^b \end{vmatrix} = e^a e^b (b-a) \neq 0$$

となるので，任意の α, β に対してこの連立 1 次方程式はただ 1 組の解を持つ．したがって条件をみたす解はただ 1 つである．

第 4 章

1. 単独高階の微分方程式

(A.1) $$y^{(n)} = F(x, y, y', y'', \cdots, y^{(n-1)})$$

の，初期条件

(A.2) $$y(a) = b_1,\ y'(a) = b_2, \cdots,\ y^{(n-1)}(a) = b_n$$

をみたす解について，その存在と一意性を考える．$y_1 = y, y_2 = y', y_3 = y'', \cdots, y_n = y^{(n-1)}$ とおき，

$$\boldsymbol{y} = \begin{pmatrix} y_1 \\ y_2 \\ \vdots \\ y_n \end{pmatrix}, \quad \boldsymbol{f}(x, \boldsymbol{y}) = \begin{pmatrix} y_2 \\ \vdots \\ y_n \\ F(x, y_1, y_2, \cdots, y_n) \end{pmatrix}, \quad \boldsymbol{b} = \begin{pmatrix} b_1 \\ b_2 \\ \vdots \\ b_n \end{pmatrix}$$

とおくと，(A.1) は

$$\boldsymbol{y}' = \boldsymbol{f}(x, \boldsymbol{y})$$

となり，初期条件 (A.2) は

$$\boldsymbol{y}(a) = \boldsymbol{b}$$

となる．$\boldsymbol{f}$ に対するリプシッツ条件は，第 n 成分以外については自動的に成り立つので，

(A.3) $$|F(x, y_1, y_2, \cdots, y_n) - F(x, \bar{y}_1, \bar{y}_2, \cdots, \bar{y}_n)| \leq L \sum_{k=1}^{n} |y_k - \bar{y}_k|$$

となる．$\varDelta$ は (4.4) の通りとする．

以上の設定により，定理 4.1 から次の定理を得る．

定理　$F(x, y_1, y_2, \cdots, y_n)$ は Δ で連続でリプシッツ条件 (A.3) をみたすとする．連続性より

$$|F(x, y_1, y_2, \cdots, y_n)| \leq M_1 \qquad ((x, y_1, y_2, \cdots, y_n) \in \Delta)$$

となる定数 M_1 をとることができる．

$$M = \max\{M_1, |b_2| + \rho, |b_3| + \rho, \cdots, |b_n| + \rho\}$$

とおく．

このとき初期条件 (A.2) をみたす微分方程式 (A.1) の解 $y(x)$ で

$$|x - a| \leq c, \qquad c = \min\left(r, \frac{\rho}{M}\right)$$

の範囲で定義されるものが存在し，それは唯 1 つに限る．

2. (1)　Δ としてたとえば

$$\Delta = \{(x, y) \mid |x - 1| \leq \frac{1}{2},\ |y - 1| \leq \frac{1}{2}\}$$

ととると，$f(x, y) = \dfrac{1}{xy}$ は Δ で連続．$(x, y) \in \Delta$ に対しては $|x| \geq \dfrac{1}{2}$, $|y| \geq \dfrac{1}{2}$ となっているので，$|f(x, y)| = \left|\dfrac{1}{xy}\right| \leq 2 \cdot 2 = 4$ であり，さらに $(x, y), (x, \bar{y}) \in \Delta$ に対して

$$\left|\frac{1}{xy} - \frac{1}{x\bar{y}}\right| = \left|\frac{1}{x}\right|\left|\frac{\bar{y} - y}{y\bar{y}}\right| \leq 2 \cdot 2^2 |y - \bar{y}|$$

が成り立ち，したがってリプシッツ条件もみたされている．よって定理 4.1 により，初期条件 $y(1) = 1$ をみたす解が

$$|x - 1| \leq \frac{1}{8}$$

の範囲で唯 1 つ存在する．

(2)　求積法で一般解を求めると，

$$y(x) = \pm\sqrt{\log x^2 + C} \qquad (C : \text{任意定数})$$

が得られる．条件 $y(1) = 1$ より

$$\pm\sqrt{C} = 1$$

となるので，これよりまず $\pm$ は $+$ であり，さらに $C = 1$ がわかる．したがって

$$y(x) = \sqrt{\log x^2 + 1}$$

となる．この関数の定義域は $\sqrt{\ }$ の中が負にならない範囲として

$$\frac{1}{\sqrt{e}} \leq x$$

である．この $y(x)$ は定義されている限り解となるので，この範囲が解としての最大の定義域となる．

(3)　初期条件 $y(a) = b$ を上で求めた一般解に当てはめると，$b > 0$ より $\pm$ は $+$ であることがわかり，$C = b^2 - \log a^2$ となる．よってこの初期条件で定まる解は

$$y(x; a, b) = \sqrt{\log x^2 + b^2 - \log a^2} = \sqrt{\log\left(\frac{x}{a}\right)^2 + b^2}$$

となる．この表示から，$y(x; a, b)$ は (a, b) について連続で b に関して微分可能であることがわかる．

第 5 章

1. $y(x) = \sum_{n=0}^{\infty} c_n x^n$ とおき微分方程式に代入する．

$$\begin{aligned}
0 &= \sum_{n=2}^{\infty} n(n-1)c_n x^{n-2} - 2\sum_{n=1}^{\infty} nc_n x^{n-1} - 3\sum_{n=0}^{\infty} c_n x^n \\
&= \sum_{n=0}^{\infty} (n+2)(n+2)c_{n+2}x^n - 2\sum_{n=0}^{\infty} (n+1)c_{n+1}x^n - 3\sum_{n=0}^{\infty} c_n x^n \\
&= \sum_{n=0}^{\infty} [(n+2)(n+1)c_{n+2} - 2(n+1)c_{n+1} - 3c_n]x^n
\end{aligned}$$

これより c_n についての漸化式

$$(n+2)(n+1)c_{n+2} - 2(n+1)c_{n+1} - 3c_n = 0 \tag{A.4}$$

を得る．この左辺を書き換えると

$$(n+1)[(n+2)c_{n+2} - 3c_{n+1}] + [(n+1)c_{n+1} - 3c_n] = 0$$

とできるので，$d_n = (n+1)c_{n+1} - 3c_n$ とおくと d_n についての漸化式

$$(n+1)d_{n+1} = -d_n$$

が得られる．これを解いて

$$d_n = a\frac{(-1)^n}{n!} \qquad (a : \text{任意定数})$$

を得る．これを d_n の定義に戻すと c_n についての 2 項漸化式となり，それを解けば c_n が求まるのだが，そのやり方は難しそうなので別の道筋をとろう．a は任意だったので，とくに $a = 0$ とする．このとき $d_n = 0$ となり，その場合の c_n の 2 項漸化式は

$$(n+1)c_{n+1} = 3c_n$$

となる．これはただちに解けて

$$c_n = b_1\frac{3^n}{n!} \qquad (b_1 : \text{任意定数})$$

を得る．また (A.4) の左辺を別の仕方で書き換えると

$$(n+1)[(n+2)c_{n+2} + c_{n+1}] - 3[(n+1)c_{n+1} + c_n] = 0$$

とできる．これについても上と同様に考えると，

$$(n+1)c_{n+1} = -c_n$$

という漸化式が得られ，これを解いて

$$c_n = b_2\frac{(-1)^n}{n!} \qquad (b_2 : \text{任意定数})$$

を得る．こうして (A.4) を完全に解いたわけではないが，2 種類の解が得られた．それらが定める関数 $y(x)$ は，$b_1 = b_2 = 1$ とするとそれぞれ

$$\sum_{n=0}^{\infty} \frac{3^n}{n!} x^n = e^{3x}, \quad \sum_{n=0}^{\infty} \frac{(-1)^n}{n!} x^n = e^{-x}$$

となり，これらは線形独立であるためもとの微分方程式の基本解系を与える．よって一般解として

$$y(x) = b_1 e^{3x} + b_2 e^{-x}$$

が得られた．

2. (1)　(5.11) を書き換えた (5.23) を用いて計算する．(5.23) の y' の係数は

$$\frac{\gamma - (\alpha+\beta+1)x}{x(1-x)} = \frac{1}{x-1}\left[\frac{(\alpha+\beta+1)x - \gamma}{x}\right]$$
$$= \frac{1}{x-1}[(\alpha+\beta+1-\gamma) + \cdots]$$

となっている．ただし右辺の $\cdots$ の部分は $(x-1)$ について 1 次以上の項を表す．また (5.23) の y の係数は，

$$-\frac{\alpha\beta}{x(1-x)} = \frac{1}{(x-1)^2}[0 + \alpha\beta(x-1) + \cdots]$$

と表され，ここでは $\cdots$ は $(x-1)$ についての 2 次以上の項を表す．これらの展開の係数を用いることで，$x=1$ における決定方程式が

$$\rho(\rho-1) + (\alpha+\beta+1-\gamma)\rho + 0 = 0$$

と求まり，左辺は $\rho(\rho - (\gamma-\alpha-\beta))$ と因数分解されるので，$0, \gamma-\alpha-\beta$ がその解となることがわかる．

(2)　仮定により特性指数 0 の解が存在することが保証される．

$$y(x) = \sum_{n=0}^{\infty} \frac{(\alpha,n)(\beta,n)(-1)^n}{(\alpha+\beta\gamma+1,n)(1,n)}(x-1)^n$$

が特性指数 0 の解である．なおこの解は超幾何級数を用いると $F(\alpha, \beta, \alpha+\beta-\gamma+1; 1-x)$ と表される．

3. $x=0$ における決定方程式は

$$\rho(\rho-1)+\gamma\rho=0$$

となるので，その解は $0, 1-\gamma$ である．仮定により特性指数 0 の解が存在することが保証される．

$$y(x)=\sum_{n=0}^{\infty}\frac{(\alpha,n)}{(\gamma,n)(1,n)}x^n$$

が特性指数 0 の解である．この級数はクンマー (Kummer) の合流型超幾何級数とよばれる．

4. 第 3 章で導入した微分作用素 $D=\dfrac{d}{dx}$ を用いる．ルジャンドル多項式の定義 (5.27) を使うと，

$$\begin{aligned}
&(n+1)P_{n+1}-(2n+1)xP_n+nP_{n-1}\\
&\quad=\frac{1}{2^{n+1}n!}D^{n+1}(x^2-1)^{n+1}-\frac{2n+1}{2^n n!}xD^n(x^2-1)^n\\
&\qquad+\frac{n}{2^{n-1}(n-1)!}D^{n-1}(x^2-1)^{n-1}\\
&\quad=\frac{1}{2^{n+1}n!}[D^n(2(n+1)x(x^2-1)^n)\\
&\qquad\quad-2(2n+1)xD^n(x^2-1)^n+4n^2D^{n-1}(x^2-1)^{n-1}]
\end{aligned}$$

となる．ここで一般に関数 $f(x)$ に対して

$$D^n(xf)=xD^nf+nD^{n-1}f$$

が成り立つことに注意する．これを用いて上式の [ ] の部分を書き換えよう．

$$\begin{aligned}
&D^n(2(n+1)x(x^2-1)^n)\\
&\qquad-2(2n+1)xD^n(x^2-1)^n+4n^2D^{n-1}(x^2-1)^{n-1}\\
&\quad=2(n+1)D^n(x(x^2-1)^n)\\
&\qquad-2(2n+1)\{D^n(x(x^2-1)^n)-nD^{n-1}(x^2-1)^n\}\\
&\qquad+4n^2D^{n-1}(x^2-1)^{n-1}
\end{aligned}$$

$$
\begin{aligned}
&= -2nD^n(x(x^2-1)^n) \\
&\quad + 2n(2n+1)D^{n-1}(x^2-1)^n + 4n^2D^{n-1}(x^2-1)^{n-1} \\
&= 2n[-D^{n-1}((x^2-1)^n + 2nx^2(x^2-1)^{n-1}) \\
&\quad + (2n+1)D^{n-1}(x^2-1)^n + 2nD^{n-1}(x^2-1)^{n-1}] \\
&= 2n[2nD^{n-1}(x^2-1)^n - 2nD^{n-1}((x^2-1)^n + (x^2-1)^{n-1}) \\
&\quad + 2nD^{n-1}(x^2-1)^{n-1}] \\
&= 0
\end{aligned}
$$

したがって漸化式が成り立つことが示された．

なおこの漸化式は母関数というものを用いると自然に得られるのだが，初等的に導く方法を述べておこう．$P_{n+1}(x)$ の最高次 x^{n+1} の係数と $P_n(x)$ の最高次 x^n の係数を計算すると，$P_{n+1}(x)$ と $xP_n(x)$ の x^{n+1} の項が打ち消しあうようにするには，

$$
(n+1)P_{n+1}(x) - (2n+1)xP_n(x)
$$

とすればよいことがわかる．これに対して上と同様な計算を行うと，この値が $-nP_{n-1}(x)$ に一致することが導かれ，漸化式が得られる．

参考文献

本書では微分方程式の理論のイメージをつかんでもらうことを主眼としたため，いくつかの定理の証明を省いたり，簡単な場合の説明で済ませたりしてきた．それらを補ったり，また本書の内容からさらに進んだ理論を学びたい人のために，参考文献を挙げておこう．

[福原] 福原満州雄『微分方程式 上・下』数学全書 1, 2. 朝倉書店
[木村] 木村俊房『常微分方程式』共立数学講座 13. 共立出版
[齋藤] 齋藤利弥『常微分方程式論』近代数学講座 5. 朝倉書店
[高野] 高野恭一『常微分方程式』新数学講座 6. 朝倉書店

これらは多数ある微分方程式の教科書の中でたまたま私が出会ったものから選んだ．いずれも微分方程式の基礎理論から扱っているので重複する内容も多いが，それぞれの著者の語り方に個性があり，魅力がある．求積法については [福原] が，また確定特異点におけるフロベニウスの方法については [高野] が詳しいようである．もちろんこれら以外にも良書は数多くある．

第 4 章で一様収束などについての参考文献として挙げたのは以下の書物である．

[高木] 高木貞治『解析概論』岩波書店
[小平] 小平邦彦『解析入門』岩波書店
[溝畑] 溝畑茂『数学解析 上』朝倉書店

第 5 章で扱った特殊関数については，

[犬井] 犬井鉄郎『特殊函数』岩波全書

[A] アルフケン『特殊関数と積分方程式』講談社

を参考にしていただきたい．[犬井] は特殊関数全般について深く緻密に書かれており，初学者だけでなく研究者にとっても貴重な書物である．[A] はベッセル関数やルジャンドル多項式をはじめとする特殊関数について詳しく書かれており，また物理学への応用に詳しい．

第 6 章で応用として太鼓の音の解析を述べたが，そのような応用と，そこで用いられる数学理論について広範に記述してある本として

[CH] クーラン = ヒルベルト『物理数学の方法 2』東京図書
[寺澤] 寺澤寛一『自然科学者のための数学概論 応用編』岩波書店

を挙げておく．

索引

原岡 喜重 (はらおか・よししげ)

略歴

1957年　北海道に生まれる.

1988年　東京大学大学院理学系研究科博士課程 (数学専攻) 修了. 理学博士.

現　在　熊本大学大学院自然科学研究科教授.

主な著書に

『数学っておもしろい』(編著, 日本評論社)

『超幾何関数』(朝倉書店)

『教程微分積分』(日本評論社)

『なるほど高校数学　三角関数の物語』(講談社ブルーバックス)

『多変数の微分積分』(日本評論社)

『なるほど高校数学　ベクトルの物語』(講談社ブルーバックス)

『オイラーの公式がわかる』(講談社ブルーバックス)

『複素領域における線形微分方程式』(数学書房)

微分方程式(びぶんほうていしき)　増補版

2006 年 6 月 1 日　第 1 版第 1 刷発行
2016 年 11 月 10 日　増補版第 1 刷発行

著　者　原 岡 喜 重
発行者　横 山　伸
発　行　有限会社 数 学 書 房
〒101-0051 東京都千代田区神田神保町 1-32-2
TEL 03-5281-1777
FAX 03-5281-1778
e-mail mathmath@sugakushobo.co.jp
振替口座 00100-0-372475
印刷 製本　モリモト印刷
組　版　永石晶子
装　幀　岩崎寿文

ISBN 978-4-903342-83-2

数学書房

複素領域における線形微分方程式

原岡喜重 著

5800円+税・A5判◆ISBN978-4-903342-91-7

基礎理論から始めて最先端であるKatz-大島理論まで到達し,
微分方程式の変形理論,多変数の完全積分可能系についても
必要十分な知識が得られるよう内容を取りそろえた.

求積法のさきにあるもの——微分方程式は解ける

磯崎 洋 著

2300円+税・A5判◆ISBN978-4-903342-80-1

積分の考え方を身につけ微分方程式が解けることを目標とする.
求積法を学んだ後に1階偏微分方程式の解説へと進める.

数学書房選書1

力学と微分方程式

山本義隆 著

2300円+税・A5判・256頁◆ISBN978-4-903342-21-4

解析学と微分方程式を力学にそくして語り,同時に,力学を,必要とされる解析学と
微分方程式の説明をまじえて展開した.これから学ぼう,また学び直そうというかたに.

複素関数入門〈原書第4版新装版〉

R.V.チャーチル・J.W.ブラウン 著/中野實 訳

2857円+税・A5判・312頁◆ISBN978-4-903342-00-9

数学的厳密さを失うことなく解説した.

500題以上の問題と解答をつけ,教科書・演習書・参考書として最適.

この定理が美しい

数学書房編集部 編

2300円+税・A5判・208頁◆ISBN978-4-903342-10-8

この数学書がおもしろい〈増補新版〉

数学書房編集部 編

2000円+税・A5判・240頁◆ISBN978-4-903342-64-1

この数学者に出会えてよかった

数学書房編集部 編

2200円+税・A5判・176頁◆ISBN978-4-903342-65-8